VISCOSITÉ DES GAZ

TRÈS RARÉFIÉS.

Extrait des *Annales de Chimie et de Physique*, 5ᵉ série, t. XXIV; 1881.

SUR LA

VISCOSITÉ DES GAZ

TRÈS RARÉFIÉS;

PAR

M. William CROOKES.

PARIS,

GAUTHIER-VILLARS, IMPRIMEUR-LIBRAIRE

DU BUREAU DES LONGITUDES, DE L'ÉCOLE POLYTECHNIQUE,

SUCCESSEUR DE MALLET-BACHELIER.

Quai des Grands-Augustins, 55.

—

1882

VISCOSITÉ DES GAZ

TRÈS RARÉFIÉS.

La viscosité ou frottement interne d'un gaz est la résistance qu'offre ce gaz au passage d'un corps qui le traverse.

Dans un Mémoire lu en 1859 devant l'Association britannique, Maxwell [1] donne la définition suivante du frottement interne des gaz :

« Quand des particules qui ont la vitesse moyenne de translation et qui appartiennent à une couche de gaz passent de cette couche à une autre qui possède une vitesse moyenne de translation différente, et quand elles passent sur les particules de la seconde couche, elles exercent sur les particules de cette seconde couche, en les heurtant, une force tangentielle qui constitue le frottement interne des gaz. Le frottement total entre deux portions de gaz séparées par une surface plane dépend de l'action totale exercée entre toutes les couches par un côté de cette surface sur le côté opposé des couches contiguës. »

---

[1] *Phil. Mag.*, 4ᵉ série, t. XIX, p. 31.

On a commencé les présentes recherches par des expériences ayant pour but de faire la différence entre le frottement du pivot portant les ailettes d'un radiomètre et la viscosité du gaz résiduel. Dans le Mémoire que je viens de signaler, Maxwell a fait cette observation digne de remarque, que, théoriquement, le coefficient de frottement, la viscosité, doit être indépendant de la densité du gaz, mais en même temps il convenait que les seules expériences dont il eût connaissance sur ce sujet ne parussent pas s'accorder avec son opinion.

Des expériences furent donc faites avec le plus grand soin par Maxwell, pour mettre à l'épreuve une conséquence aussi remarquable d'une théorie mathématique, et en 1860 il publiait (¹) le résultat de ses recherches sous le titre de *La viscosité ou le frottement interne de l'air et des autres gaz*. Il a trouvé que pour l'air le coefficient de frottement était le même pour les pressions entre 760^{mm} et 10^{mm} de la colonne de mercure, et les résultats des calculs faits d'après cette hypothèse s'accordèrent parfaitement avec les résultats de l'expérience.

L'appareil dont Maxwell se servait n'était pas construit pour des expériences se faisant à des pressions inférieures à 10^{mm} de mercure.

Dans le *Philosophical Magazine* de juillet 1878, on trouve la traduction d'un Mémoire de MM. Kundt et Warburg, *Sur le frottement et la conductibilité de la chaleur par les gaz raréfiés*, dans lequel les lois formulées théoriquement par Maxwell étaient examinées pour des vides plus parfaits.

La théorie de Maxwell, que la viscosité des gaz est indépendante de leur densité, présuppose que la distance moyenne de libre parcours des molécules entre leurs collisions est très petite en égard aux dimensions de l'appareil ;

(¹) *Phil. Trans.*, 1866, Ire Partie, p. 249.

mais, étant admis que la distance moyenne de libre parcours augmente en raison directe de l'expansion, tandis que la distance entre les molécules augmente seulement comme la racine cubique de l'expansion, il n'est pas difficile, avec la pompe de Sprengel, de produire un vide dans lequel la distance moyenne de libre parcours puisse être mesurée en centimètres et même en pieds (^{1}) et, dans des vides semblables, il est probable que la loi de Maxwell ne s'appliquerait pas.

MM. Kundt et Warburg ont trouvé que, pour des pressions variant entre 760^{mm} et $1^{mm},5$, le coefficient de viscosité de l'air restait constant, mais qu'à des vides plus élevés il n'en était plus ainsi ; cependant ils ne disaient pas jusqu'à quel point le vide a été obtenu, mais ils disaient seulement vides I, II, III, IV.

Comme j'ai eu l'occasion de faire beaucoup d'expériences concernant la mesure des vides supérieurs et que je puis facilement mesurer des vides de $\frac{1}{10000000}$ d'atmosphère et même encore plus élevés, on m'a proposé de continuer ces expériences sur la viscosité des gaz à des vides très hauts, et en même temps de consigner tous les résultats que ces expériences m'auraient donnés.

J'ai institué ces expériences au commencement de 1876, et je les ai continuées jusqu'à ce jour. Pendant ce

---

(^{1}) Ainsi, si l'on admet que la distance moyenne de libre parcours des molécules de l'air à la pression ordinaire est $\frac{1}{10000}$ de millimètre, dans un vide à $\frac{1}{10000}$ d'atmosphère la distance moyenne de libre parcours sera de $0^m,001$; pour un vide de $\frac{1}{1000000}$ d'atmosphère la distance de libre parcours sera $0^m,010$ et, dans un vide de $\frac{1}{10000000}$ d'atmosphère, vide facile à obtenir avec la pompe dont je me suis servi, la distance moyenne sera de plus de 10^m. Ce vide est égal à celui de l'atmosphère à 120^{km} au-dessus de la Terre. Si la distance au-dessus de la Terre augmente encore, la distance moyenne de libre parcours entre les molécules s'approche rapidement des distances planétaires, et, à la distance de 265^{km} au-dessus de la Terre, la distance moyenne de libre parcours est à peu près de 1340000^{km}, et à 100^{km} plus haut le vide est tel, que la distance moyenne de libre parcours serai celle qui nous sépare de Sirius.

temps, je me suis servi d'appareils de formes différentes et l'habileté que l'on a acquise dans leur fabrication a permis d'y apporter des complications et des perfectionnements reconnus utiles. Les résultats des premières observations n'ont plus grande valeur, mais le temps que j'y a consacré ne peut pas être considéré comme perdu, puisque de ces expériences est sorti l'appareil très perfectionné que j'emploie maintenant. Je ne dirai donc rien des premiers appareils, mais je commencerai par la description de celui que j'ai fait en dernier lieu.

La balance à torsion servant à mesurer la viscosité, e que j'ai employée pour toutes les expériences, est très compliquée. Elle consiste en une boule de verre a (*fig.* 2) munie d'une pointe à son extrémité inférieure b, et scellée à un tube de verre long et étroit cc.

Dans la boule se trouve une plaque de mica d, suspendue à un fil de verre de $0^m,65$ de longueur, qui est attaché au bout supérieur du tube cc et pend verticalement. La plaque de mica est chauffée au rouge et une de ses moitiés est couverte de noir de fumée. Le tube cc a une longueur de $1^m,20$ et est pointu à ses deux extrémités e (*fig.* 1); les pointes sont exactement dans l'axe vertical du tube.

Des bobèches sont solidement fixées à b et e, à un support de manière à recevoir la pointe de la boule et la pointe du tube, qui, dès lors, ne peuvent se mouvoir qu'en tournant autour de l'axe vertical. Comme le fil de verre n'est attaché que par le haut à e, quand on tourne le tube, la torsion du fil fait osciller la plaque de mica suivant le même axe.

La plaque de mica d n'est pas fixée directement à la fibre de suspension, mais par l'intermédiaire d'un fil d'aluminium tordu f, qui a environ 12 pouces de long et auquel est attaché un miroir de verre platinisé. Le tube opposé au miroir est soufflé sous forme d'un cylindre

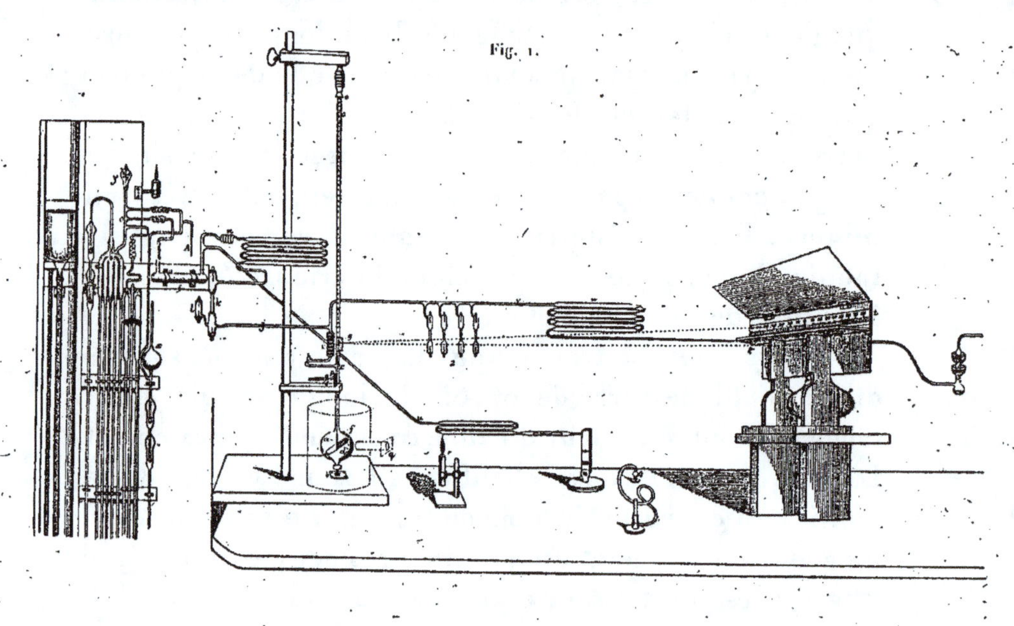

Fig. 1.

mince qui a environ le double de son diamètre primitif,
et l'on fait coïncider le centre de courbure aussi exactement que possible avec la fibre-axe de mouvement du
miroir. Il y a trois raisons pour lesquelles le miroir est
placé à quelque distance au-dessus de la plaque de mica au
lieu d'être très rapproché : 1º la torsion accusée par le

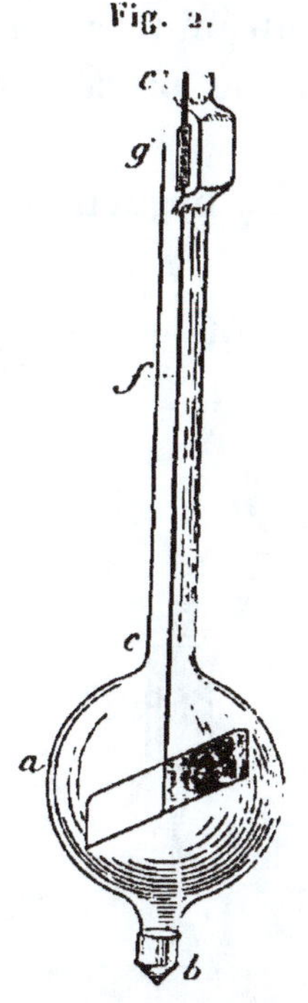

Fig. 2.

rayon réfléchi est bien moindre quand la lumière traverse
un cylindre que quand elle traverse une sphère; 2º la lumière provenant de la lampe et tombant sur le miroir peut
se diffuser suffisamment pour produire une répulsion de
la surface noire; 3º on peut, pour diminuer la variation
de température, emballer complètement dans de la ouate
ou plonger dans de l'eau la sphère et la plaque de torsion.

Le poids total de la plaque de mica, du miroir et du
support d'aluminium est de 5,69 grains. C'est à dessein

que ces objets sont faits très légers, et, pour rendre les effets de la viscosité très apparents, la fibre de verre est de la plus grande finesse qui soit compatible avec le degré de solidité indispensable; son diamètre est d'environ $\frac{1}{1000}$ de pouce. Il faut observer les plus grandes précautions pour attacher à chaque bout de l'appareil une fibre aussi mince; sinon elle se briserait à un joint, quand on viendrait à appliquer la torsion. Voici le procédé qui a été trouvé le plus convenable :

On étire un morceau de baguette de verre de $0^{mm},5$ de

Fig. 3.

diamètre; on laisse adhérente à la baguette la fibre ainsi obtenue, et l'on en casse le bout libre à la longueur voulue. Ce bout brisé de la fine fibre de torsion est inséré dans le bout le plus large d'un tube de verre a, un peu conique (*fig.* 3); ce tube de verre ne doit pas être beaucoup plus large que cela n'est nécessaire pour permettre à la fibre d'entrer librement. Au moyen d'une petite flamme appliquée en b, on scelle ensemble le tube et la fibre de verre. La partie inférieure du tube de verre est courbée, comme on le voit dans la figure, afin qu'on puisse y accrocher le support d'aluminium pour le miroir g et la plaque de mica. On insinue alors le petit bout de baguette de verre, demeurant attaché à la partie supérieure de la fibre de torsion, de telle sorte qu'il se projette sur le haut du tube de verre cc (*fig.* 1), qui a été préalablement étiré à la longueur voulue, et l'on maintient en place ce bout de baguette de verre au moyen d'un ressort en aluminium. En tenant l'instrument dans une position verticale, on peut terminer l'ajustement en faisant mouvoir le bout de baguette qui se projette sur le tube; on scelle alors l'ouverture du haut et en même temps le bout de baguette de verre sert de support à la fibre. L'appareil à viscosité est relié à la pompe par le bras h, ainsi que par les tubes i, j, k, l, m, n et o. On introduit en i une spirale de verre flexible, de manière que l'appareil puisse tourner sur les pivots b, c, et en même temps être relié à la pompe avec des joints de verre scellés. Un autre bras en p fonctionne entre des arrêts métalliques et limite la rotation au petit angle nécessaire et suffisant. Un ressort maintient le bras appliqué contre un de ces arrêts.

La boule de cet appareil est enfermée dans une boîte et emballée avec de la ouate (*fig.* 1); dans cette boîte se trouve un tube q en face de la moitié noircie de la plaque de mica; cette plaque recevra donc une impulsion, si l'on dirige sur elle la lumière d'une bougie r. Ce tube est fermé aux deux bouts par deux morceaux de verre, pour empêcher les courants d'air d'y pénétrer, et en face se trouve un volet pour permettre ou empêcher l'introduction de la lumière. La position de la flamme et sa distance à la plaque sont de cette manière rendues invariables; une petite lentille, placée à quelque distance de la flamme, projette une image sur un écran blanc, et le tout est disposé de façon que, quand la lumière tombe directement sur la plaque, l'image tombe sur une marque de l'écran. Une seconde lentille avec écran est placée à angle droit de la première, de sorte que la position de la flamme peut être réglée en quelques instants.

Pour des expériences dans lesquelles le mouvement produit par la flamme ne doit pas être mesuré, par exemple dans des vides de moins de 1^{mm}, l'appareil tout entier est placé dans un vase de cuivre rempli d'eau, qui est entouré lui-même par deux rangées de bouteilles pleines d'eau ; l'espace entre les bouteilles et le vase de cuivre est rempli de ouate, et le tout est recouvert d'une boîte de carton.

Un thermomètre gradué en dixièmes de degré C. plonge dans l'eau à côté de la boule. Par ce moyen, que j'emploie depuis longtemps, j'empêche, pendant toute une journée, toute variation de température de l'appareil au delà d'un dixième de degré.

Le mouvement de rotation donné à la plaque de mica par la lumière de la bougie, ou par le mouvement du tube et de la boule sur leur axe (ce dernier mouvement étant produit quand on tourne le bras entre les arrêts), est mesuré sur une échelle graduée t qui reçoit le rayon de lumière d'une lampe s, réfléchi par un miroir g placé au-dessus de la plaque de mica.

L'angle de rotation de l'appareil est très petit. La distance de l'échelle au miroir est de $1^{m},20$, et l'amplitude de l'oscillation porte le rayon de lumière entre 100° et 200° sur l'échelle. 100° de l'échelle équivalent à 62^{mm}. Ainsi, la déviation de la lumière n'étant jamais supérieure à 10° et l'échelle étant la tangente au cercle, une petite correction est nécessaire pour la lecture des nombres.

Supposons que S soit le nombre lu sur l'échelle, R la distance entre le miroir et l'échelle, S' le nombre que nous aurions si l'échelle était située sur un arc de cercle décrit avec le rayon R ; alors

$$S' = S\left[1 - \frac{1}{3}\left(\frac{S}{R}\right)^2 + \frac{1}{5}\left(\frac{S}{R}\right)^4 - \cdots\right].$$

Mais la différence entre S et R est si petite que $\dfrac{1}{5}\dfrac{S_4}{R^4}$ et les termes suivants peuvent être négligés ; alors la correction se réduit simplement à $-\dfrac{1}{3}\dfrac{S^4}{R^2}$.

Mais cette correction s'applique très rarement, parce que, si l'amplitude n'est pas grande, ladite correction est inférieure à l'erreur moyenne d'observation.

L'air est introduit dans l'appareil par un tube de verre très étroit, dit *tube capillaire* A, qui se trouve sur le tube de communication avec la pompe. Ce tube peut être soudé instantanément au moyen d'une lampe à alcool. Pour introduire l'air, on casse le bout de ce tube, et l'air entre lentement, en passant par des tubes dessiccateurs *m* avant d'arriver à l'appareil.

J'ai déjà décrit la pompe. L'appareil pour mesurer le vide est semblable à celui qu'a décrit le professeur Mc Leod ([1]), devant la Société de Physique ; mais j'y ai introduit plusieurs améliorations, que j'ai trouvées nécessaires pour les vides élevés.

L'instrument représenté par la *fig.* 4 consiste essentiellement en un globe *a*, un tube gradué *b* et un tube à pression *c*. La partie supérieure de *c* communique avec le bras à vide de la pompe, et le tube *e* communique avec le réservoir supérieur de mercure au moyen d'un robinet à vis. Le tube à pression et le tube gradué font corps ensemble ; ils ont exactement le même diamètre intérieur et ils sont gradués en millimètres. Les divisions du tube à pression vont de bas en haut et s'étendent à quelque hauteur au-dessus du tube gradué ; quant aux divisions du tube gradué, elles vont de haut en bas, la plus basse division, 80, étant au niveau du zéro du tube à pression. La proportion entre la capacité du tube gradué et du globe a été déter-

---

([1]) *Phil. Mag.*, t. XLVIII, p. 110 ; août 1874.

minée de la manière indiquée par le professeur Mc Leod, et l'on a trouvé que le globe, à partir du point f, avait 111,8 fois la capacité du tube gradué, depuis l'extrémité supérieure jusqu'à la 80e division. Voici la manière de se servir de l'instrument :

Fig. 4.

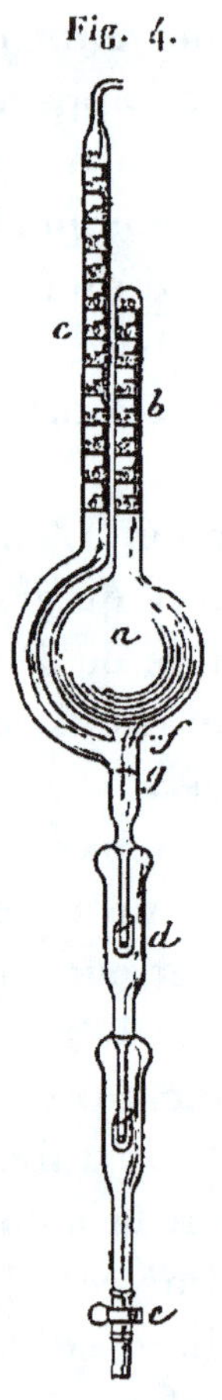

Avant que le vide soit fait dans l'appareil à viscosité placé sur la pompe, on ferme le robinet e de manière à exclure le mercure de l'instrument de mesurage, la partie supérieure étant en communication avec la pompe et l'appareil à viscosité. On fait alors marcher la pompe, et le vide se produit dans le ballon en même temps que dans l'appareil, attendu qu'il y a alors libre passage de l'un à l'autre. Quand le vide est à point, il convient de dévisser un peu le robinet *e*, pour permettre au mercure de remplir les deux registres à air *d*, *d* et de monter dans le tube jusqu'en *g*. On ferme alors rigoureusement le robinet *e* et l'on continue de faire le vide. Lorsqu'on veut faire une mesure de pression, on ouvre le robinet *e* et on laisse le mercure monter lentement. Quand il arrive au point *f*, il intercepte la communication entre le globe *a* et le reste de l'appareil. Le globe *a* contient alors un volume exactement mesuré de gaz aussi raréfié que celui de l'appareil à viscosité. Le mercure continuant à s'élever, une partie monte dans le tube à pression *c* et une partie remplit le globe, en comprimant le gaz raréfié jusqu'à ce que, au moment où il atteint la plus basse division 80 du tube gradué, le gaz soit condensé jusqu'à 111,8 fois son volume primitif. Je cite maintenant la description du professeur Mc Leod : « Finalement tout le gaz du globe est condensé dans le tube gradué. On trouve alors la tension en mesurant la différence de niveau entre les colonnes de mercure dans le tube gradué et dans le tube à pression. En divisant cette différence par le rapport entre les capacités du globe et du tube gradué, on obtient un nombre qui est approximativement la pression primitive du gaz; il faut ajouter ce nombre à la différence entre les colonnes, puisqu'il est évident que la colonne dans le tube à pression est déprimée par la tension du gaz dans le reste de l'appareil; en divisant ce nouveau nombre encore une fois par le rapport entre les volumes, on trouve la tension originale exacte.... Pour déterminer les rapports existant entre le volume des autres divisions du tube gradué et le volume total du globe, on a mesuré les tensions de la même quantité de gaz comprimée aux différents volumes. » De cette manière a été construite une Table donnant la valeur de chaque millimètre dans le tube gradué, depuis 1 jusqu'à 80. Je faisais généralement plusieurs lectures à différentes hauteurs du tube à volume et je prenais la moyenne. L'éprouvette de Mc Leod n'accuse pas la présence de la vapeur de mercure. Il m'a été absolument impossible, du reste, de découvrir de la vapeur de ce métal à de grandes distances du mercure de la pompe, et le tube, enveloppé de feuilles d'or, que j'interposais autrefois entre la pompe et l'appareil ne blanchissait pas le moins du monde et ne produisait aucune espèce d'effet appréciable sur les résultats. Voici les principaux perfectionnements qui distinguent cet instrument de l'instrument primitif imaginé par le professeur Mc Leod : absence totale des joints ; les tubes et les globes sont tous soudés ensemble en une pièce ; les deux registres à air d, d obvient à l'inconvénient rencontré en premier lieu, en ce qu'ils empêchent des traces d'air de s'élever avec le mercure et de contrarier le vide en a ; en outre, le globe a est plus large relativement au tube gradué, et ce tube est plus long. Ces perfectionnements sont de simples détails ; ils ne diminuent en rien la grande beauté et le grand mérite de l'instrument du professeur Mc Leod.

Si nous considérons un corps qui traverse l'air avec vitesse, le *travail* est presque entièrement représenté par une sorte de remous derrière ce corps. Plus la vitesse du corps est petite et plus le gaz est raréfié, moindre est le travail dépensé pour produire ces tournoiements, comparé au travail pour vaincre le frottement. Dans ces expériences, le mouvement est si lent, que, même dans l'air à la densité ordinaire, l'effet des tournoiements est presque ou même entièrement invisible, et à des vides ordinaires il est absolument insensible. La force vive motrice est transformée rapidement en force vive moléculaire (chaleur) par frottement ou par viscosité, et cette chaleur se dissipe avant de pouvoir nuire aux observations.

Avant de commencer une observation, on maintient le bras p (*fig.* 1) contre un des arrêts. Dans cette position, le rayon de lumière tombe au milieu de l'échelle, à zéro; les divisions partent de zéro de chaque côté. Alors on porte le bras à l'autre arrêt pour quelques secondes, et on le remet à sa position première. Ce mouvement fait tourner l'appareil entier sous un angle très petit, et fait osciller la plaque de mica; le rayon de lumière réfléchie parcourt l'échelle d'un bout à l'autre, et les oscillations diminuent au fur et à mesure qu'il se rapproche du zéro. L'amplitude de l'arc dépend de la manipulation, un mouvement lent produisant plus d'effet sur la plaque qu'un mouvement brusque. Même si, dans deux expériences, on tourne le bras p avec la même vitesse, mais dans des vides différents, on reconnaît qu'il n'y a aucune relation entre l'amplitude de l'arc et la viscosité. La part afférente à la viscosité est représentée par ce que j'appellerai le *décroissement logarithmique* de l'arc. Le décroissement logarithmique représentera égalememt la diminution d'amplitude provenant de la viscosité du verre; mais le verre est si élastique et le fil si mince, que leur action devient insensible, excepté dans les vides les plus hauts.

L'observateur qui regarde le rayon de lumière inscrit le nombre de degrés atteint par chaque oscillation. Les nombres sont l'un d'un côté, et le suivant de l'autre côté du zéro; on les ajoute deux par deux pour obtenir l'amplitude de chaque oscillation. Les logarithmes de ces nombres étant pris et leurs différences inscrites, la moyenne de ces différences est le décroissement logarithmique pour chaque oscillation.

Pour rendre cela plus clair par un exemple, je donne ci-dessous les observations suivantes, qui ont été faites dans l'air à la densité ordinaire :

Nombres lus sur l'échelle.	Arcs.	Logarithmes.	Différences.
113,0.....	200,0	2,3010	
87,0.....	154,4	2,1886	0,1124
67,4.....	119,2	2,0763	0,1123
51,8.....	92,0	1,9647	0,1116
40,2.....	71,0	1,8513	0,1134
30,8.....	54,8	1,7388	0,1125
24,0.....	42,3	1,6263	0,1125
18,3.....			

Moyenne....... 0,1124

Ainsi le décroissement logarithmique est 0,1124.

Le nombre trouvé varie avec chaque appareil; il ne représente pas une quantité absolue, mais une quantité relative qu'on ne doit comparer qu'avec des résultats obtenus avec le même appareil, mais avec des vides différents ou avec un autre gaz.

La première oscillation n'est jamais régulière; il vaut donc mieux débuter par une très grande oscillation et attendre que la marche soit devenue régulière avant de commencer à inscrire les nombres.

Quand on compare une longue série d'observations, il semble que le décroissement logarithmique soit alternativement supérieur et inférieur à la moyenne. Il se peut bien qu'il en soit ainsi, puisque le corps va alternativement en avant et en arrière, rencontrant une résistance analogue à celle qu'éprouverait un bateau qui tour à tour avancerait et reculerait.

Donc on doit prendre un nombre impair d'arcs, formant un nombre pair d'intervalles, afin que la différence entre le mouvement en avant et en arrière puisse être compensée.

Au lieu de prendre tous les arcs, on peut ne prendre que le premier et le dernier. Par exemple, supposons qu'il y ait sept arcs, a_1, a_2, a_3, ..., a_7; le décroissement logarithmique moyen sera

$$\tfrac{1}{6}(\log a_1 - \log a_2) + (\log a_2 - \log a_3) + (\log a_3 - \log a_4)$$
$$+ (\log a_4 - \log a_5) + (\log a_5 - \log a_6) + (\log a_6 - \log a_7),$$

qui est égal à

$$\tfrac{1}{6}(\log a_1 - \log a_7).$$

Dans l'exemple précédent, on épargnera un temps considérable si l'on construit le Tableau de la manière suivante :

Nombres lus sur l'échelle.	Arcs.	Logarithmes.
112,0 ⎱ 87,0 ⎰	200,0	2,3010
. . . .	. . . . .	. . . . . .
. . . .	. . . . .	. . . . . .
24,0 ⎱ 18,3 ⎰	42,3	1,6263

$$2,3010$$
$$1,6263$$
$$\overline{0,6747}$$
$$\overline{0,1124}$$

En employant cette méthode pour trouver le décroissement logarithmique, il ne faut pas attendre trop longtemps pour relever la dernière oscillation, car elle serait si petite, qu'il y aurait chance d'erreur, à cause de la difficulté que présenterait la lecture du nombre sur l'échelle. Dans une longue série, il est très commode de séparer les arcs par groupes de quatre et de comparer le décroissement logarithmique comme il suit.

Ainsi, soient les arcs a_1, a_2, a_3, ...; nous pouvons prendre

$$\tfrac{1}{4}\left(\log a_1 - \log a_5\right),$$
$$\tfrac{1}{4}\left(\log a_5 - \log a_9\right),$$
$$\tfrac{1}{4}\left(\log a_9 - \log a_{13}\right),$$
$$\tfrac{1}{4}\left(\log a_{13} - \log a_{17}\right).$$

De cette manière, on obtiendra de meilleurs résultats qu'en prenant les décroissements logarithmiques pour des intervalles isolés, parce que les erreurs d'observation seront divisées par 4.

L'erreur *proportionnelle* d'observation pour un petit arc est naturellement plus grande que celle d'un grand arc, mais l'erreur absolue est un peu moindre.

Si l'on admet que les erreurs absolues soient invariables, alors, pour qu'une erreur donnée dans l'observation du petit arc produise l'erreur la plus petite dans le décroissement logarithmique, le meilleur arc pour finir doit être la $e^{\text{ième}}$ partie du premier arc, e étant la base des logarithmes népériens, c'est-à-dire 2,70828. Comme les petits arcs peuvent être observés plus exactement, à cause de la lenteur du mouvement, on fera bien d'attendre un peu jusqu'à ce que l'arc devienne égal à $\tfrac{1}{3}$ du premier arc introduit dans le calcul.

La légère diminution dans le décroissement du loga-

Fig. 5.   Fig. 6.

rithme de l'air entre des pressions de 760^{mm} et de 1^{mm} se voit clairement dans les *fig.* 5, 6, 7 et 8. Les lignes courbes sont les reproductions de traces photographiques faites sur une surface sensible par le rayon de lumière indicateur.

Les expériences dans lesquelles la photographie a été employée seront décrites plus loin. Les diminutions d'arc successives sont causées par la résistance ou la viscosité de l'air. La *fig.* 5 montre l'action du ralentissement à 760^{mm};

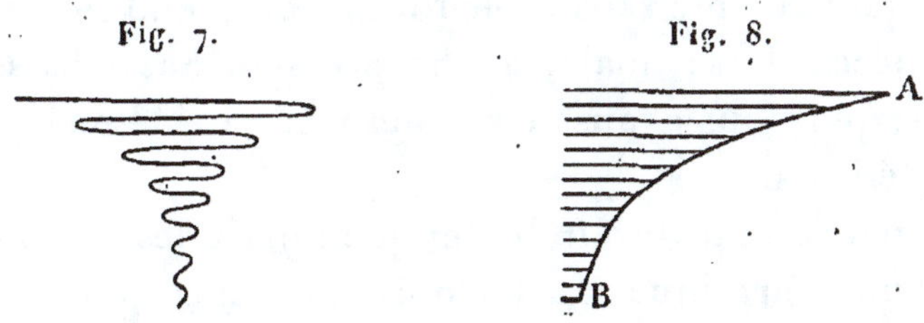

la *fig.* 7 à 1^{mm}. Les *fig.* 6 et 8 montrent la diminution de longueur des arcs successifs aux deux mêmes pressions, la ligne AB qui joint les extrémités étant la courbe logarithmique.

Dans les *fig.* 9 et 10, je donne les courbes représentant les diminutions successives de l'arc de vibration aux vides élevés dus à la viscosité. La *fig.* 9 a été copiée d'après une photographie et montre l'action du ralentissement

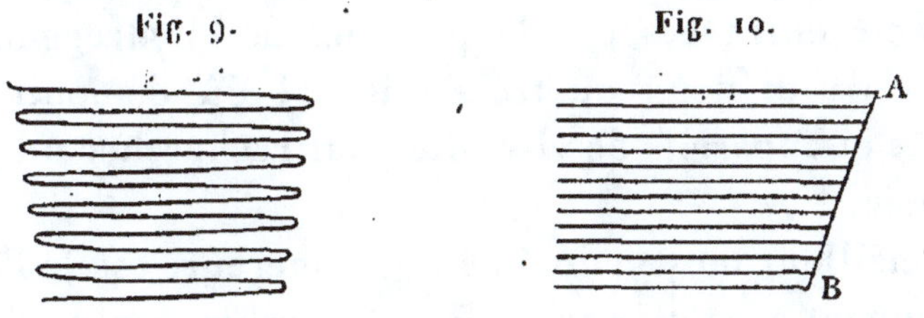

à 0^{m},02. La diminution de longueur des arcs et la courbe logarithmique, maintenant presque droite, sont données dans la *fig.* 10. Il est intéressant de comparer ces figures avec les *fig.* 5, 6, 7 et 8, qui montrent des résultats semblables obtenus à des vides inférieurs.

J'ai fait un grand nombre d'expériences sur la viscosité

de l'air et d'autres gaz. Afin de procéder méthodiquement, je prendrai d'abord le cas de l'air sec entre la pression ordinaire et $\frac{1}{1000}$ d'atmosphère, ensuite entre $\frac{1}{1000}$ et $\frac{1}{1000000}$ d'atmosphère, et à des vides encore plus élevés. J'ai fait des observations à un vide de $0^{\text{M}},02$ d'atmosphère, mais à ce vide elles ne sont plus en accord suffisant. La pompe fera ce vide sans difficulté si l'on prend les précautions nécessaires ; mais, à une pression aussi basse, les moyens que nous avons pour mesurer le vide ne sont pas assez délicats.

Il pourra être utile d'indiquer quelques-unes des précautions dont la pratique m'a démontré l'urgence quand le vide est poussé très loin. D'abord il faut absolument que le mercure soit pur. S'il contient des métaux plus facilement oxydables qu'il ne l'est lui-même, si des acides et même de l'eau viennent à tomber sur lui, une production d'hydrogène est fort à craindre. Un peu de cet hydrogène est absorbé par le mercure et porté dans la pompe, où il se répand dans l'air très raréfié. Si alors on ne peut pas obtenir la raréfaction maxima, la difficulté tient à la présence de l'hydrogène plutôt que de l'air. Avant d'avoir fait cette découverte, j'ai perdu plusieurs mois, mes expériences ayant été entravées par la présence de l'hydrogène dans l'appareil, et deux ou trois fois j'ai dû démonter mes pompes et appareils de viscosité pour rechercher une fuite supposée.

Le meilleur moyen de purifier le mercure est de l'agiter violemment avec une solution de perchlorure de fer. Le mercure se change ainsi en une masse pâteuse de globules si petits, qu'on ne peut plus les voir. On lave ces globules, on les fait sécher en les passant dans un drap et ensuite dans une peau de chamois, à travers laquelle il s'écoule en redevenant fluide.

Quand on approche des vides élevés, il y a une autre précaution à prendre. On fait marcher la pompe jusqu'à ce qu'on obtienne un vide de $0^m,5$ d'atmosphère, et l'on chauffe l'appareil entre 300° et 400° au moyen d'un bec de gaz. On maintient cette température pendant une demi-heure, la pompe marchant toujours. Le contact du verre occasionne la condensation d'une certaine quantité de gaz, qui se dégage très lentement et incomplètement dans le vide; mais, quand on élève rapidement à 300° la température de l'appareil et de la pompe, le gaz est mis en liberté si rapidement, que le mercure baisse dans l'éprouvette.

Les rapports entre la viscosité et la pression dans l'appareil ne restent pas les mêmes après le chauffage qu'auparavant, ce qui prouve que le gaz dégagé n'a pas la même composition que l'air. Donc il est nécessaire de refaire dans l'appareil un très grand vide, puis d'y laisser entrer une petite quantité d'air, et enfin de faire encore le vide. En procédant de cette manière on obtient les vides les plus élevés. Une autre précaution encore nécessaire, c'est, pour faire une observation, d'attendre quelque temps après que la pompe a fini de marcher. Dans les vides peu élevés, quelques minutes d'attente suffisent; mais, quand la pression est réduite à quelques millionièmes d'atmosphère, il faut que vingt ou trente minutes se passent avant que la pression dans la boule de Mc Leod soit égale à celle de l'appareil à viscosité. La pression normale étant de 760^{mm}, quand l'appareil est rempli de gaz, on met la pression intérieure à 760^{mm}, quelle que soit la hauteur du baromètre, en élevant ou abaissant le réservoir de mercure.

Un fait remarquable, en connexion avec l'élasticité du verre, se voit sur les courbes du diagramme C. Elles ne sont pas continuées plus loin que le vide de $0^m,02$, mais la forme des courbes indique qu'elles couperaient la ligne qui représente le vide absolu. La courbe qui représente la force répulsive de la radiation va évidemment à zéro, ce qui démontre qu'à un vide absolu il n'y aurait plus de répulsion. Mais on ne peut pas admettre que les courbes de viscosité finissent à zéro sans changer de direction.

Évidemment elles touchent la ligne de zéro bien avant que le décroissement logarithmique de 0,00 soit atteint, d'où il résulte qu'il y aurait encore de la viscosité dans le vide absolu. La cause en est probablement dans la viscosité du fil de verre, parce que le verre n'est pas parfaitement élastique; s'il est retenu pendant quelque temps dans une certaine position, il garde une pente dans cette direction. Je vais en donner un exemple dont j'ai été témoin. En 1862, j'ai acheté des dentelles de verre et du verre avec lequel on fait ces dentelles. Ce verre filé se présente en fils longs; au commencement, les fils des dentelles étaient droits, mais pendant dix-huit ans les dessins de la dentelle ont changé la direction des fils, qui se sont courbés, et ils restent courbes même depuis qu'ils sont libres de revenir à leur position première.

Si le verre était parfaitement élastique, le décroissement logarithmique dans un vide absolu serait probablement zéro; alors il n'y aurait plus de diminution dans l'arc d'oscillation, et, une fois mise en mouvement, la plaque ne s'arrêterait jamais.

Viscosité de l'air. — La moyenne d'un grand nombre d'expériences donne pour le décroissement logarithmique de l'air, à une pression de 760^{mm} et à 15° C., le nombre 0,1124. D'après Maxwell, la viscosité doit rester constante jusqu'à ce que le vide soit assez parfait pour que nous cessions de considérer la distance moyenne de libre parcours entre les molécules comme n'ayant pas d'importance comparativement aux dimensions de l'appareil.

Il résulte de mes observations que cette loi théorique de Maxwell est approximativement et même peut-être absolument vraie dans des vides comme ceux que j'ai mentionnés, et que, dans des vides plus élevés, la viscosité diminue, comme on pouvait le prévoir théoriquement.

Les résultats sont donnés dans la Table suivante.

La première moitié de la Table I donne la viscosité de l'air pour des pressions variant entre 760^{mm} et 0^{mm},76 ($\frac{1}{1000000}$ d'atmosphère). Pour plus de commodité, je prends pour unité 1 millionième d'atmosphère $= M$ ([1]), au lieu de 1^{mm}.

La dernière partie de la Table est en millionièmes, jusqu'à un vide de 0^{M},02 d'atmosphère ; pour les vides élevés, en plus de ces résultats, j'ai donné la distance moyenne de libre parcours des molécules.

TABLE I.

Décroissements logarithmiques de l'air sec à des pressions variant entre 760^{mm} et 0^{M},02.

Température $= 15°$ C.

Pression.	Décroissement logarithmique.
mm	
760	0,1124
755	0,1123
750	0,1121
730	0,1117
702	0,1110
685	0,1105
664	0,1100
645	0,1096
627	0,1091
605	0,1086
587	0,1082
572	0,1078
550	0,1073
511	0,1065

([1]) 1^{M} = 0^{mm},00076; 1325^{M},789 = 1^{mm}.

Pression.	Décroissement logarithmique.
mm	
495	0,1062
475	0,1057
440	0,1050
409	0,1043
395	0,1040
385	0,1038
350	0,1032
324	0,1027
301	0,1022
272	0,1019
254	0,1016
233	0,1013
210	0,1010
180	0,1008
155	0,1006
120	0,1004
112	0,1003
68	0,1002
47	0,1001
26	0,1001
12	0,1000
4	0,1000
3	0,0994
1	0,0988
0,76	0,0988

Pression.	Décroissement logarithmique.	Force répulsive de la radiation.	Distance moyenne de libre parcours.
M			mm
1000,0 [1]	0.0988	2,4	0,10
905,0	0,0983	3,2	0,11
736,0	0,0975	3,5	0,14

[1] 1000M = 0,76mm.

Pression.	Décroissement logarithmique.	Force répulsive de la radiation.	Distance moyenne de libre parcours.
M			mm
590,0......	0,0971	4,5	0,17
495,0......	0,0966	5,5	0,20
385,0......	0,0960	8,5	0,26
300,0......	0,0952	10,0	0,33
248,0......	0,0943	12,0	0,40
219,0......	0,0937	14,0	0,46
183,0......	0,0930	16,5	0,55
165,0......	0,0926	18,0	0,61
157,0......	0,0925	19,5	0,64
135,0......	0,0907	21,3	0,74
116,0......	0,0892	24,5	0,86
100,0......	0,0876	27,0	1,0
93,0......	0,0866	29,0	1,1
81,0......	0,0842	31,1	1,2
79,0......	0,0840	31,5	1,3
72,0......	0,0824	32,9	1,4
68,0......	0,0817	33,5	1,5
62,0......	0,0799	34,6	1,6
53,0......	0,0774	37,0	1,9
39,0......	0,0710	41,4	2,6
36,0......	0,0695	42,5	2,8
29,0......	0,0657	42,6	3,4
24,0......	0,0620	41,2	4,2
19,0......	0,0577	38,8	5,3
13,0......	0,0500	30,9	7,7
11,0......	0,0460	27,1	9,1
8,0......	0,0390	22,3	12,5
7,2......	0,0372	20,2	13,9
5,9......	0,0337	17,0	16,9
4,1....	0,0281	13,1	24,4
3,4......	0,0256	11,5	29,4
2,6......	0,0225	8,5	38,4
1,9......	0,0198	7,1	52,6
1,3......	0,0175	4,2	76,9

Pression.	Décroissement logarithmique.	Force répulsive de la radiation.	Distance moyenne de libre parcours.
M			mm
1,0.....	0,0161	2,1	100,0
0,55....	0,0144	2,0	181,8
0,46....	0,0135	1,7	217,4
0,22....	0,0118	1,4	454,5
0,14....	0,0114	1,0	715,9
0,06....	0,0097	0,7	1666,6
0,02....	0,0072	0,5	5000,0
?	0,00537	?	

On a obtenu les pressions et les décroissements logarithmiques de la manière suivante. Pendant que l'on fait le vide, il faut faire des observations fréquentes, et il faut attendre entre les observations, pour que la chaleur produite par le frottement interne et que le refroidissement causé par la raréfaction de l'air se compensent. Puis on admet de l'air lentement par les tubes dessiccateurs et on effectue une autre série d'observations.

Quand on en a fait plusieurs centaines, on les classe par groupes, et ce sont ces groupes qui m'ont servi à établir la pression moyenne et le décroissement logarithmique moyen.

Cette Table contient aussi la mesure de la répulsion exercée sur l'extrémité noire de la plaque de mica par la flamme d'une bougie placée à 500^{mm}.

La répulsion exercée par la radiation commence au même vide que celui auquel la viscosité commence à diminuer rapidement, et l'observation se fait plus facilement dans les vides au-dessous de 1000^{M}. On fait l'observation quand le fil de verre et la plaque de mica sont au repos, que le volet est levé et que la lumière de la flamme tombe sur la plaque pendant sept ou huit oscillations.

La force radiante qui fait tourner le mica n'est pas con

stante, mais elle augmente pendant un temps que l'on peut
mesurer. Le mouvement du mica est un balancement autour d'un point, qui change aussi plus ou moins lentement
avec le temps. Cette force, nulle au commencement, s'augmente rapidement, et elle atteint son maximum une ou
deux secondes après que l'on a levé le volet. La force dépend de la chaleur que l'action première de la flamme
produit sur la surface du corps. Voici l'aspect de la courbe
tracée par le rayon lumineux :

Fig. 11.

Du point zéro la force mécanique envoie l'index à 88;
de là, il va à 29 du côté opposé, puis il vient à 83, etc.
De ces arcs d'oscillation il faut déduire le vrai zéro, c'est-
à-dire le nombre où le rayon de lumière s'arrêterait si la
force de répulsion était constante et s'il ne fallait pas tenir
compte de l'inertie.

On procède de la manière suivante : écrivez les valeurs
des arcs au moment où la lumière de la bougie tombe sur
la plaque à chacune des oscillations successives ; puis, dans
une autre expérience, trouvez les décroissements logarithmiques sans bougie.

Soient l le décroissement logarithmique et N le nombre
dont le logarithme est L. Divisez les arcs par $1 + N$, et appli-
quez les résultats aux nombres des secondes sections des arcs :
vous trouverez ainsi le nombre correspondant à l'équilibre
pour la force de la bougie employée, force qu'on suppose
constante pendant cette oscillation. Je donne ci dessous

un exemple des observations que je viens de mentionner.

$$\log. \text{déc.} = 0,066; \quad \log 1 + N = 0,335.$$

Lecture.	Arc.	Log. arc.	Moins 0,335.	Nombre.	Zéro d'oscillation.
I.	II.	III.	IV.	V.	VI.
88......	89	1,944	1,609	40,6	47,4
29.....	59	1,771	1,436	27,3	56,3
83.....	54	1,732	1,397	24,8	58,2
32.....	51	1,708	1,373	23,6	55,6
75.....	43	1,633	1,298	19,9	55,1
40......	35	1,544	1,209	16,2	56,2
68.....	28	1,447	1,112	12,9	55,1
				Moyenne......	55,9

On obtient les nombres de la colonne VI en combinant
alternativement par addition et par soustraction les
nombres des colonnes V et I. La première ligne n'est pas
comprise dans la moyenne, parce que presque toute la force
a commencé dans cette oscillation.

Avec un décroissement logarithmique élevé, le procédé
que je viens d'indiquer doit être toujours suivi, mais avec un
décroissement logarithmique faible, comme dans l'exemple
suivant, on a plus d'avantage à prendre les moyennes des
arcs consécutifs, puis les moitiés de ces moyennes, et de
combiner ces nombres alternativement par addition et par
soustraction avec les premiers :

Lecture.	Oscillation.	Moyenne arithmétique de la colonne I.	Moitié de la colonne III.	Résultats des + et des − donnant approximativement la position d'équilibre.
I.	II.	III.	IV.	V.
0....	88	73,5	36,7	52,1
88....	59	56,5	28,2	57,2
29....	54	52,5	26,2	56,8
83....	51	47,0	23,5	55,5
32....	43	39,0	19,5	55,5
75....	35	31,5	15,7	55,7
40....	28	»	»	»
			Moyenne........	56,1

Le premier résultat est en dehors de la série : je l'ai donc supprimé. La petite différence en moins que présentent les trois derniers résultats, comparés au deuxième et au troisième, peut être réelle, bien que la diminution au second puisse paraître douteuse.

S'il en est ainsi, c'est probablement parce que la face opposée de la plaque de mica s'échauffe par conductibilité provenant de l'échauffement de la face antérieure, car on a observé que la différence de température entre les deux faces était diminuée.

Un procédé très avantageux est celui qui consiste à consigner les résultats sous forme de courbe. C'est même presque le seul moyen pratique pour bien faire saisir la signification des résultats. Je n'ai pas pu faire figurer ces courbes sur une figure, parce que les diagrammes qui sont nécessaires pour bien faire comprendre les résultats doivent être dressés d'après une échelle croissante. Sur le diagramme A, les résultats de la première partie du Tableau I jusqu'à une pression de 0^{mm},76 sont indiqués sous le titre *air*; les ordonnées sont les décroissements logarithmiques, et les abscisses les pressions en millimètres de mercure.

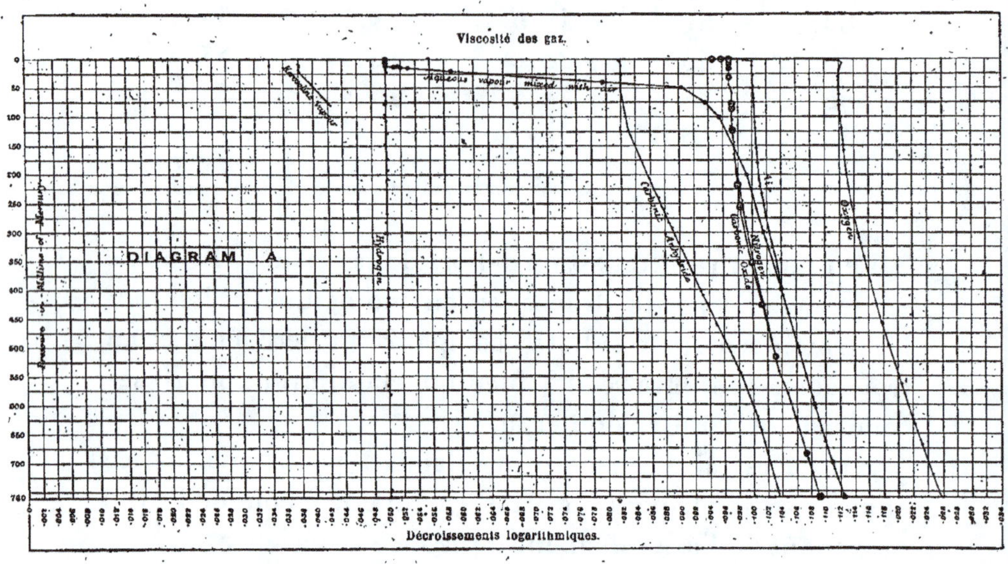

Nitrogen (azote).
Carbonic oxide (oxyde de carbone).
Carbonic anhydride (anhydride carbonique).
Pressure in millims of mercury (pression en millimètres de mercure).

Kerosoline vapour (vapeur de kérosoline).
Aqueous vapour mixed with air (vapeur aqueuse mélangée d'air).
Oxygen oxygène).

La hauteur barométrique totale, soit 1^{atm}, est indiquée par une longueur de 152^{mm}; donc chaque millimètre de l'échelle représente 5^{mm} de la colonne de mercure.

En commençant par le décroissement logarithmique $0,1124$ à 760^{mm}, on voit que les décroissements logarithmiques diminuent régulièrement, mais avec un ralentissement graduel. Entre 50^{mm} et 3^{mm} la direction de la courbe est presque verticale, et l'on voit qu'à une pression de 3^{mm} il s'opère un grand changement dans la direction de la courbe de viscosité; cette courbe devient presque horizontale. A ce point, cesse la coïncidence avec la loi de Maxwell, et, si l'on pousse le vide plus loin encore, le décroissement logarithmique diminue considérablement.

Pour que l'aspect de la courbe de l'air soit plus sensible, il est nécessaire d'adopter une échelle beaucoup plus grande. Sur le diagramme A, la colonne de 760^{mm} est représentée par 152^{mm}; mais, sur le diagramme B, 5 millionièmes d'atmosphère sont représentés par 1^{mm}, de sorte que la colonne de 760^{mm} correspondrait sur l'échelle à une hauteur de 200^{m}. Limité que je suis par la dimension du papier, je ne puis représenter que le millième de la figure, par le tracé de 200^{mm} qui se trouve en haut de l'échelle. A l'extrémité du diagramme B se trouve, à une échelle très réduite, la courbe entre 760^{mm} et $0^{mm},76$. Pour que cette courbe fût en proportion avec le reste de l'échelle, il faudrait un diagramme de 200^{m} de longueur.

A partir de 1000^{M}, la diminution de la viscosité est très peu sensible jusqu'à ce qu'on atteigne un vide de 750^{M}, après quoi, elle diminue rapidement et devient très petite lorsqu'on atteint un vide de 35^{M}.

On verra, par la direction presque horizontale de la partie supérieure de la courbe, que l'échelle n'est pas encore assez grande. Alors, sur le diagramme C, je l'ai encore agrandie de sorte que 1^{atm} est représentée par une

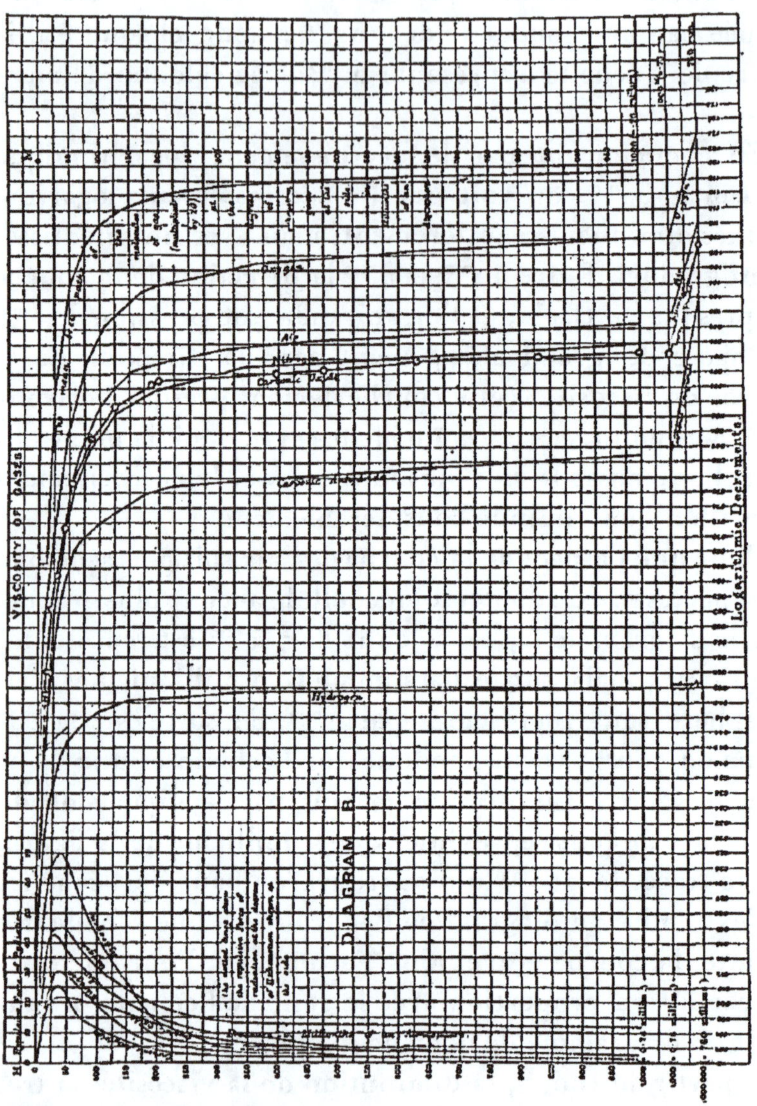

Repulsive force of radiation (force répulsive de radiation).
Carbonic anhydride (anhydride carbonique).
Nitrogen (azote).
Carbonic oxide (oxyde de carbone).
Oxygen (oxygène).
Hydrogen (hydrogène).
The dotted lines show the repulsive force of radiation at the degrees of exhaustion shown at the side (les lignes ponctuées indiquent la force répulsive de la radiation aux degrés de vide indiqués latéralement).
Pressure in millionths of an atmosphere (pression en millionièmes d'atmosphère).
The mean free paths of the molecules of gas (multiplied by 20) at the degrees of exhaustion given at the side in millionths of an atmosphere (parcours libre moyen des molécules de gaz (multiplié par 20) aux degrés de pression indiqués latéralement en millionièmes d'atmosphère).
Logarithmic decrements (décroissements logarithmiques).

hauteur de 5000^m; je prends les 300^{mm} de l'extrémité supérieure et je donne la courbe pour les vides entre 60^M et 0^M,02.

Sur cette échelle, un millionième d'atmosphère est représenté par une hauteur de 5^{mm} (¹).

Sur le diagramme C, la courbe de *l'air* indique que la viscosité a encore diminué. A l'extrémité inférieure du diagramme, commencent une ligne droite diagonale, du décroissement logarithmique 0,1124 à 1 000 000^M (1^{atm}), qui va jusqu'au déchet logarithmique 0,0098 à 1000^M, et une deuxième ligne allant du décroissement logarithmique 0,0794 à 60^M. La pente de ces lignes est celle des courbes des diagrammes A et B; elle est fort exagérée, puisque, pour représenter la pente réelle, les lignes devraient avoir des longueurs de 200^m et 5000^m au lieu de 30^{mm}.

Les courbes ponctuées, à gauche des diagrammes B et C, montrent la variation de la force de répulsion par la radiation; la force s'augmente jusqu'à un maximum qu'elle atteint entre 25^M et 40^M; à partir de là, elle diminue rapidement. Cette courbe concorde parfaitement avec celles que l'on a faites il y a quelque temps, et qui montrent l'action exercée par la lumière sur le radiomètre (²).

Une particularité remarquable, c'est la concordance entre la perte de la viscosité et l'augmentation de radiation jusqu'au trente-cinquième millionième, tandis que la courbe de répulsion tourne et diminue comme celle de la viscosité.

A droite des diagrammes B et C, j'ai tracé une troisième courbe. Les abscisses représentent les distances moyennes de libre parcours des molécules, aux différentes

---

(¹) Pour donner une idée de la précision avec laquelle on peut mesurer les vides élevés, je dirai que le vide le plus élevé indiqué sur le tableau, 0^M,02, est relativement à 1^{atm} comme 0^m,001 est à 40^{km} ou une seconde à vingt mois.

(²) *Phil. Trans.*, 1re Partie (1878); *The Bakerian lecture*, 1re Partie (1879); *Proc. of the Royal Society*, t. XXV, p. 105.

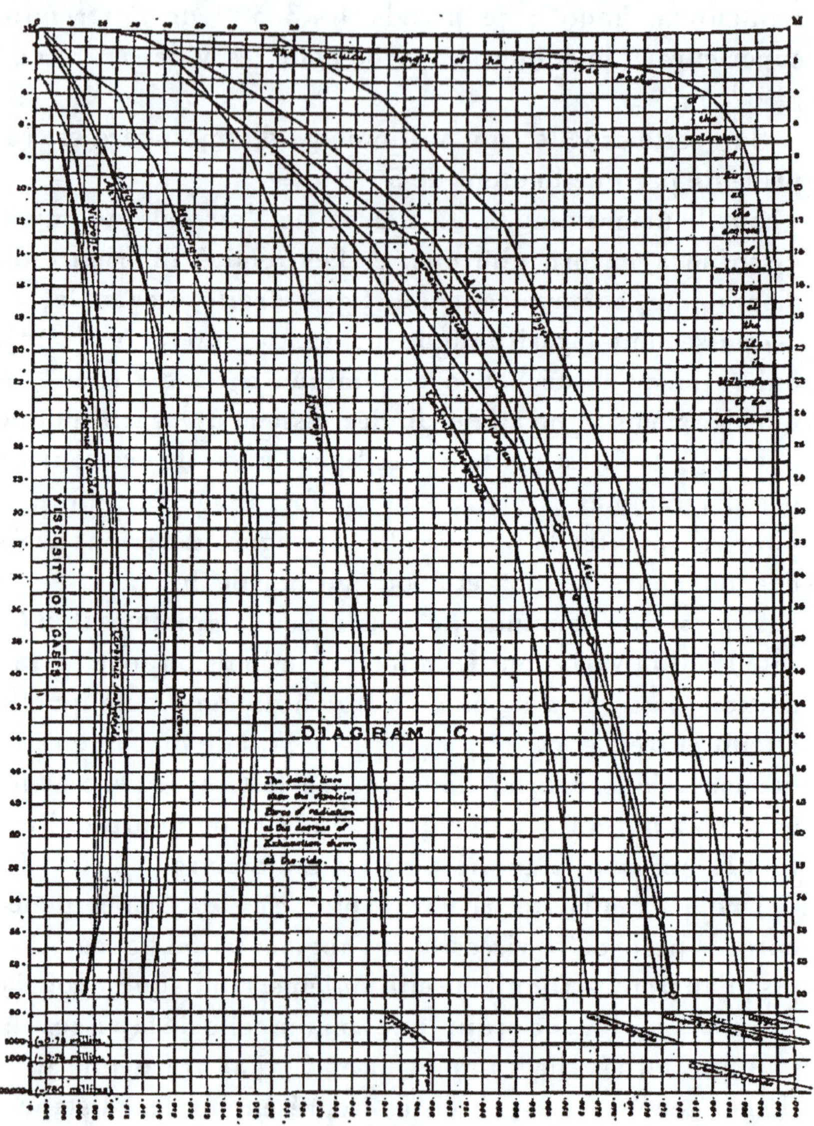

Repulsive force of radiation (force répulsive de la radiation).
The actual lenghts of the mean free paths of the molecules of air at the degrees of exhaustion given at the side in millionths of an atmosphere (longueurs réelles des parcours libres moyens de l'air, aux degrés de vide indiqués latéralement en millionièmes d'atmosphère)
Oxygen (oxygène).
Carbonic oxide (oxyde carbonique).
Nitrogen (azote).
Carbonic anhydride (anhydride carbonique).
Hydrogen (hydrogène).
Pressure in millionths of an atmosphere (pressions en millionièmes d'atmosphère).
The dotted lines show the repulsive force of radiation at the degrees of exhaustion shown at the side (les lignes ponctuées indiquent la force répulsive de la radiation aux degrés de vide indiqués latéralement).

pressions que représentent les ordonnées. Comme les distances moyennes de libre parcours sont très petites, je les ai multipliées par 20 pour les rendre comparables aux autres dimensions adoptées sur le diagramme B. Ainsi, à 1000^M, la distance moyenne de libre parcours est $0^{mm},1$ et à 100^M elle est de 1^{mm}. Sur le diagramme B, à l'échelle de 20 pour 1, ces nombres deviennent respectivement 2^{mm} et 20^{mm}, mais, sur le diagramme C, j'ai donné les distances réelles parcourues par les molécules.

Les courbes des distances croissantes et celles des viscosités décroissantes concordent très bien. Cette concordance est plus qu'une coïncidence, et il est probable qu'elle jettera beaucoup de lumière sur la question de la viscosité des gaz.

Résistance de l'air au passage d'une étincelle d'induction. — Dans ma description de l'appareil (*fig.* 1), j'ai dit qu'il y avait un tube de résistance l avec deux pôles d'aluminium, qu'on pourrait en conséquence observer l'effet produit par le passage d'une étincelle d'induction. Ces résultats n'ont jamais été publiés, bien qu'ayant été obtenus un an ou deux avant les autres; néanmoins ils ont perdu beaucoup de leur intérêt, depuis la publication de mes recherches sur les phénomènes présentés par le passage d'une étincelle d'induction dans un vide élevé; je me contenterai donc d'en mentionner quelques-uns.

Les pôles d'aluminium sont à 4^{mm} l'un de l'autre; la bobine peut donner une étincelle de $0^m,15$ de longueur, mais j'ai employé une petite pile, de sorte que l'étincelle était réduite à 85^{mm}.

A un vide de 295^M, la résistance de 4^{mm} d'air raréfié, dans le tube, entre les pôles, est égale à 2^{mm} en dehors, quand les pôles de la bobine sont à 2^{mm} l'un de l'autre; l'étincelle peut donc passer indifféremment soit en dedans, soit en dehors.

Il se manifeste beaucoup de lumière violet rougeâtre autour des pôles, l'apparence étant semblable à celle d'un tube de Geissler ordinaire. Des traces de phosphorescence verte se montrent de temps en temps.

A un vide de 82^{M}, la lumière violette autour des pôles a disparu. Le bout + du tube est rempli d'un brouillard de lumière violette, et il y a une petite étincelle et une houppe au bout du pôle —. On peut voir la phosphorescence verte sur le verre autour du pôle —. A ce vide, la résistance est égale à celle de $0^{\text{m}},024$ au dehors.

Vide de 27^{M}. — La lumière violette devient plus faible, tandis que la phosphorescence verte devient plus forte. Résistance du vide $= 0^{\text{m}},024$ au dehors.

Vide de 4^{M}. — La lumière violette a disparu, la lumière verte devient très forte et un brouillard de lumière vert jaunâtre remplit le bout + du tube. La résistance du vide $= 0^{\text{m}},053$ au dehors.

Vide de 1^{M}. — La lumière verte est un peu plus faible que précédemment; l'étincelle et la houppe au bout du pôle — se montrent encore. La résistance du vide $= 0^{\text{m}},085$ au dehors.

Vide de $0,5^{\text{M}}$. — L'apparence est la même que dans la précédente expérience, mais l'étincelle et la houppe ne sont plus visibles. On avait isolé avec beaucoup de soin les fils de communication entre la bobine et le tube. Quand les pôles sont à $0^{\text{m}},085$, l'étincelle passe souvent dehors, plutôt que de passer en dedans; mais, si l'on sépare les pôles de plus de $0^{\text{m}},085$, l'étincelle passe par le tube et quelquefois elle reste visible pendant deux secondes.

Dans ces conditions, la phosphorescence verte est très brillante, surtout au bout +. Pendant les intervalles entre les étincelles, on remarque une faible bande de lumière verte autour de la surface intérieure du tube au bout du pôle —.

Vide au-dessus de 0,02^M. — Avec la même pile et la même bobine aucune étincelle ne passe; mais, en aug-, mentant la force de la pile suffisamment pour obtenir à l'extérieur du tube une étincelle à la distance de 0^m,100, on obtenait quelquefois une étincelle à l'intérieur du tube, avec une phosphorescence verte très faible, autour du verre, au bout du pôle —.

Il faut avoir soin que les pôles du tube et les fils soient bien isolés et qu'ils ne touchent aucune partie de l'appareil. Si l'on ne prend pas cette précaution, une étincelle passera d'un des fils à la pompe ou au tube et percera le verre. Le trou est quelquefois si petit, qu'on ne peut pas le trouver, et l'on ne constate son existence que par l'impossibilité où l'on se trouve d'obtenir un vide élevé. Si on le laisse, le décroissement logarithmique s'élève, la force répulsive de la bougie atteint son maximum et puis diminue jusqu'à zéro, tandis que le décroissement logarithmique augmente jusqu'à ce que les pressions interne et externe se fassent équilibre. Si le trou est très petit, il faut deux ou trois jours pour que les pressions s'égalisent; on a alors le temps de faire des observations très importantes.

Une fois j'ai obtenu un vide bien plus élevé que 0^M,02; je n'ai pas pu le mesurer, mais je l'ai évalué à 0^M,01. Les pôles, etc., étaient parfaitement isolés, et je faisais passer une étincelle de 0^m,70 de longueur; d'abord on ne voyait rien, puis une lumière verte très brillante passait à travers le tube, en devenant de plus en plus fréquente; tout à coup une étincelle passa du fil au tube, le cassa, et l'expérience se trouva arrêtée. Depuis, j'ai souvent obtenu des vides semblables ou même plus élevés, mais je n'ai jamais vu un vide dans lequel ne passerait pas une étincelle de 0^m,70 de longueur provenant de ma grande bobine.

Viscosité de l'oxygène. — Les expériences avec l'air ayant montré en détail comment il se comporte sous des pressions très variées, il devenait très intéressant de savoir comment se comporteraient les deux éléments de l'air, l'oxygène et l'azote, dans les mêmes conditions. Je commençai donc des expériences identiques, avec cette différence que l'air était remplacé dans l'appareil par de l'oxygène pur.

Pour ces expériences j'obtenais l'oxygène par l'électrolyse de l'eau contenant du sulfate de cuivre; une plaque de cuivre formait le pôle négatif et une plaque de platine

Fig. 12.

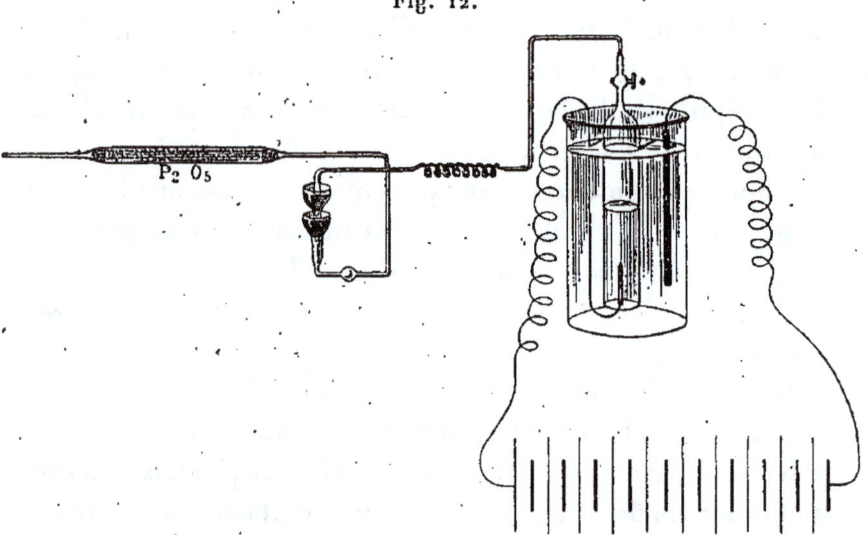

le pôle positif (*fig.* 12). La réduction du cuivre garantit contre tout dégagement d'hydrogène. On reçoit le gaz sous une cloche, et de là il est transmis à l'appareil. L'oxygène est maintenu sous une forte pression, et l'on ne doit pas le préparer longtemps à l'avance. Le gaz entre très lentement dans l'appareil et traverse une longueur considérable d'anhydride phosphorique.

La Table suivante donne les résultats obtenus :

W. CROOKES.

Table II.

Décroissement logarithmique à des pressions entre 760[mm] *et* 0[M],03.

Température = 15° C.

Pression.	Décroissement logarithmique.
mm	
760	0,1257
720	0,1247
668	0,1232
632	0,1222
564	0,1205
562	0,1204
496	0,1188
458	0,1178
340	0,1152
318	0,1148
309	0,1146
301	0,1145
249	0,1136
200	0,1130
159	0,1126
150	0,1125
120	0,1123
103	0,1122
80	0,1120
72	0,1120
61	0,1119
47	0,1119
38	0,1118
30	0,1118
26	0,1119
19	0,1119
16	0,1121
12	0,1122
7,5	0,1124

Pression.	Décroissement logarithmique.
mm	
3,8	0,1121
1,5	0,1115
1,4	0,1111
1,1	0,1115
1,0	0,1115
0,85	0,1107
0,76	0,1102

Pression.	Décroissement logarithmique.	Force répulsive de la radiation.
M		
1000	0,1102	12
803	0,1093	12
658	0,1088	13
623	0,1086	13
613	0,1085	13
360	0,1070	13
297	0,1058	14
190	0,1038	20
171	0,1033	21
110	0,0988	31
82	0,0940	35
70	0,0912	38
48	0,0840	45
31	0,0744	44
28	0,0724	44
22	0,0670	40
16	0,0621	35
12	0,0585	30
4	0,0433	14
1,6	0,0348	7
0,3	0,0302	2

Les chiffres avec lesquels j'ai construit une courbe sur les diagrammes A, B et C ont une grande ressemblance avec ceux de l'air. La viscosité diminue rapidement entre les pressions de 760^{mm} et de 75^{mm}; à partir de ce point elle devient presque constante jusqu'à une pression de 16^{mm}, mais alors elle change et va en augmentant jusqu'à une pression de 1^{mm},5, après quoi elle diminue encore rapidement. Cette augmentation de la viscosité à des pressions de quelques millimètres a été remarquée pour d'autres gaz, mais dans une si petite proportion, qu'on a pu l'attribuer à une erreur; mais, avec l'oxygène, l'augmentation était si grande qu'on ne pouvait pas la mettre en doute. L'oxygène est le gaz le plus visqueux que j'aie examiné. La viscosité de l'air à 760^{mm} étant 0,1124, elle est, par rapport à celle de l'oxygène, comme 1 est à 1,1185.

Cette proportion ne change pas jusqu'à la pression de 20^{mm}. Entre ce point et 1^{mm} il y a des variations auxquelles je ne puis pas assigner de causes, mais ces variations sont trop grandes pour pouvoir être attribuées à des erreurs d'observation. Ces variations ne se remarquent pas dans les vides au-dessus de 1^{mm}; dans ces vides et jusqu'aux vides les plus élevés, nous retrouvons la proportion 1,1185.

Les courbes des observations de la force répulsive de la radiation sont ponctuées, à gauche des diagrammes B et C. La répulsion commence à un vide plus bas et se maintient plus forte que dans l'air, jusqu'à un vide de 22^{M}, à partir duquel les deux courbes sont à peu près identiques.

Viscosité de l'azote. — On prépare l'azote pur en chauffant une solution de nitrite d'ammoniaque. Pour éliminer la vapeur d'eau, on fait passer le gaz dans des tubes contenant de l'anhydride phosphorique et on le conduit à l'appareil, comme pour l'oxygène.

La Table suivante donne les résultats des observations faites avec l'azote :

TABLE III.

Décroissements logarithmiques de l'azote entre des pressions
de 760^{mm} et 2^M,8 à 15° C.

Pression.	Décroissement logarithmique.
mm	
760	0,1092
717	0,1081
692	0,1074
624	0,1059
582	0,1048
542	0,1038
474	0,1023
403	0,1010
324	0,0996
282	0,0990
245	0,0985
218	0,0980
172	0,0976
165	0,0974
143	0,0974
122	0,0973
117	0,0970
105	0,0973
100	0,0971
87	0,0971
79	0,0971
60	0,0972
50	0,0970
44	0,0969
29	0,0970
21	0,0970
14	0,0969
8	0,0969
6	0,0970
2,1	0,0961
1,4	0,0962
0,85	0,0962
0,76	0,0960

Pression.	Décroissement logarithmique.	Force répulsive de la radiation.
M		
1000......	0,0960	1
610......	0,0941	2
459......	0,0934	4
345......	0,0930	3
188......	0,0894	8
125......	0,0867	15
84......	0,0820	23
58......	0,0770	28
47......	0,0730	30
26......	0,0600	25
13......	0,0420	17
9,6....	0,0351	14
8,3....	0,0318	13
5,8....	0,0257	9
3,3....	0,0207	3
2,8....	0,0178	1

La proportion entre la viscosité de l'air et celle de l'azote à la pression de 760^{mm} est donc de 0,9715. D'après Graham, elle serait de 0,971.

En comparant les courbes de l'air avec celles de l'oxygène et de l'azote, on obtient des résultats fort intéressants. La composition de l'air est :

$$\text{Oxygène} \dots\dots\dots\dots\dots\dots 20,8$$
$$\text{Azote} \dots\dots\dots\dots\dots\dots \underline{79,2}$$
$$100,0$$

La viscosité des gaz mixtes est presque dans la même proportion ; ainsi, à 760^{mm},

$$\frac{20,8 \text{ visc. O} + 79,2 \text{ visc. A}}{100} = \text{viscosité de l'air}$$

$$= \frac{20,8\,(0,1257) + 79,2\,(0,1092)}{100} = \text{viscosité de l'air}$$

$$= \frac{2,61456 + 8,64072}{100} = 0,11255,$$

ce qui se rapproche notablement de 0,1124, résultat expérimental pour l'air.

Jusqu'à un vide de 30^M la proportion entre les viscosités de l'air, de l'oxygène et de l'azote reste la même. A partir de là, la différence entre les courbes augmente rapidement.

Observations sur le spectre de l'azote. — Le spectre de l'azote, observé à des raréfactions différentes, a donné les résultats suivants.

A 55^{mm}, les bandes du spectre commencent à se montrer. Les bandes rouge et jaune se voient facilement, et la verte et la bleue sont très faibles. Si le vide augmente, les bandes deviennent plus marquées, et à 1^{mm},14 le spectre atteint son maximum d'intensité. A des vides un peu plus élevés, le spectre change, et l'on y remarque des raies; à 812 M, les bandes et les raies sont très brillantes.

A 450 M, les raies sont très bonnes.

A 188 M, au-dessous de $\lambda = 610$ et au-dessus de $\lambda = 400$, les raies ne sont plus visibles;

A 94 M, une raie vert jaunâtre très claire est visible à $\lambda = 567$.

A 55 M, cette ligne est encore très prononcée.

Les lignes rouges ont tout à fait disparu, et la seule raie visible est la raie bleue à $\lambda = 419$. La raie 567 varie beaucoup. Il y a des moments où l'on ne peut pas la voir, puis elle devient très claire; ainsi, à 40 M, la raie 567 disparaît complètement; à 17 M, elle redevient visible, et c'est la raie la plus distincte de toutes. A 12 M, elle disparaît de nouveau, mais il reste plusieurs raies vertes et bleues. A 3 M, on ne voit que trois raies vertes, qui sont très faibles. A 2,8 M, la raie 567 reparaît.

A 2 M, on ne voit que des traces de raies, à cause de la grande phosphorescence du verre.

La raie 567 a été aperçue plusieurs fois à des vides plus élevés, quand le gaz examiné était mélangé avec un peu d'air. C'est probablement une raie de l'azote, parce que la raie la plus brillante de ce gaz est à 576,8 (Thalén), 568,o (Huggins) ou 568,1 (Plücker), et ma courbe d'interpolation n'est pas assez rigoureusement exacte pour que je puisse dire si la ligne que j'ai inscrite dans mes notes comme étant à 567 ne doit pas être en réalité placée un peu plus haut. La raison pour laquelle cette raie n'est pas toujours visible peut être attribuée à une différence dans la puissance de la pile ou à ce que l'œil n'a pas toujours la même sensibilité. Cependant cette explication n'est pas tout à fait satisfaisante, puisque les autres raies ne présentent pas de variations.

La courbe de la force répulsive exercée par la radiation est ponctuée sur les diagrammes B et C. Elle est beaucoup plus basse que dans l'oxygène ou dans l'air, et la diminution est rapide après que le maximum a été dépassé.

Viscosité de l'acide carbonique. — J'ai essayé deux ou trois méthodes pour obtenir ce gaz, afin d'éviter l'emploi de l'eau servant à le recueillir, parce que, par ce moyen, il est difficile d'empêcher l'air de pénétrer dans l'appareil. Les méthodes que j'ai préférées sont la calcination du bicarbonate de soude et la décomposition du marbre par l'acide chlorhydrique. L'appareil est représenté par la *fig.* 13.

Le marbre est contenu dans le ballon de verre *a*, à la partie supérieure duquel est soudé un ellipsoïde tronqué *b*, dans lequel se trouve un obturateur *c*, usé à l'émeri. Le renflement *b* est rempli d'acide chlorhydrique, et, en soulevant légèrement l'obturateur, on laisse un peu d'acide couler sur le marbre. L'anhydride carbonique traverse le tube *d* que l'on a rempli de bicarbonate de soude pulvérisé et bien tassé pour arrêter l'acide chlorhydrique; il passe par la spirale flexible *c* et il arrive au robinet *f*. De l'autre côté du ballon, le tube *g* plonge dans un verre de forme haute contenant du mercure. Le robinet est

relié avec l'appareil à viscosité, comme on le voit dans la
fig. 1.

Avant d'introduire l'anhydride carbonique dans l'appareil, on le laisse pendant quelque temps se dégager libre-

Fig. 13.

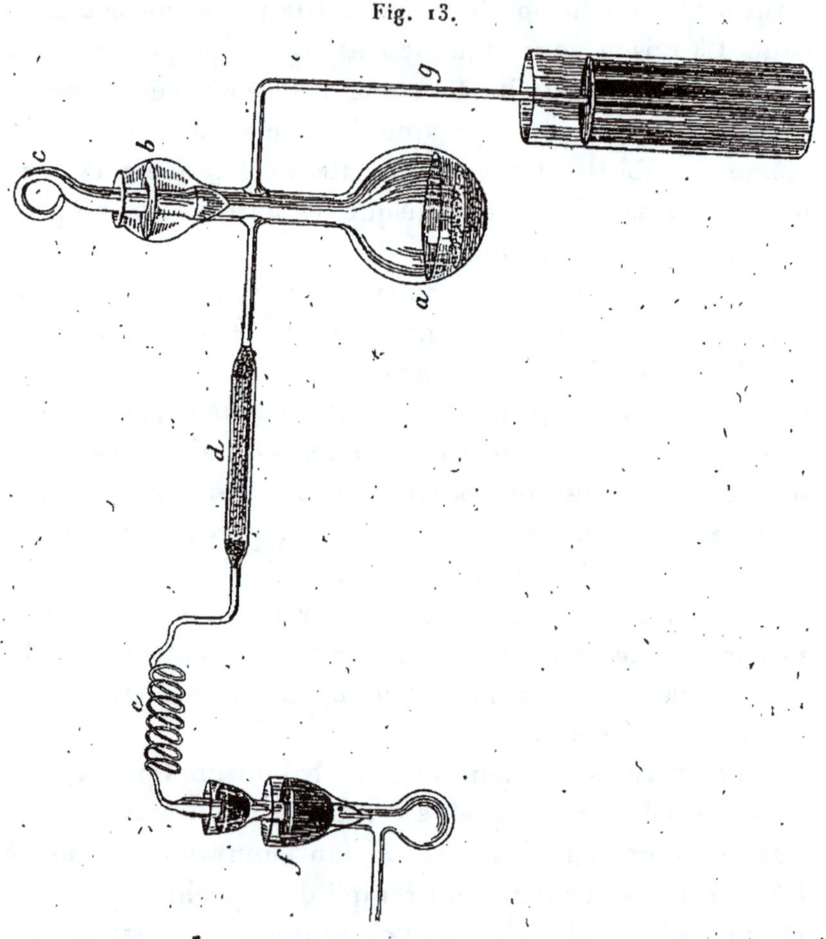

ment et barboter à travers le mercure dans le réservoir
supérieur du robinet, le tube du robinet (tube à l'émeri)
étant soulevé à cet effet. Quand on suppose que tout l'air
a été chassé du ballon et des tubes par l'anhydride carbonique, on enfonce le tube dans le robinet de manière à
fermer ce dernier hermétiquement, et le gaz s'échappe

alors à travers le tube *g* sous une pression considérable de mercure. Lorsque l'appareil à viscosité, de l'autre côté du robinet, est fortement épuisé, on tourne légèrement le robinet pour permettre à un courant très lent d'anhydride carbonique de passer dans l'appareil, et pendant ce temps on continue à produire du gaz : à cet effet, on alimente d'acide chlorhydrique en soulevant l'obturateur *cb*. Quand l'appareil est rempli d'anhydre carbonique, on ferme le robinet *f* et on se met à faire le vide. Ces opérations sont répétées au moins trois fois, et, chaque fois, après avoir rempli l'appareil, on laisse s'écouler plusieurs heures avant de pomper ; pendant ce laps de temps, le gaz peut pénétrer par toutes les fissures et déplacer tout autre gaz qui adhérerait aux surfaces. Après le dernier remplissage, on commence les observations. On prend plusieurs séries ; on rejette les premières quand elles ne concordent pas avec les autres.

L'usage du bicarbonate de soude présente cet avantage que le gaz peut être obtenu dans un tube mis en communication avec l'appareil, et il ne se produit que de l'acide carbonique et de l'eau ; mais il faut beaucoup d'acide phosphorique pour absorber toute l'eau. Finalement, j'ai donc employé du marbre et de l'acide chlorhydrique.

Dans la Table IV j'ai donné les résultats des observations faites avec ce gaz :

Table IV.

Décroissements logarithmiques de l'acide carbonique
à des pressions entre 760^mm *et* 7^M,6 *à* +5° C.

Pression.	Décroissement logarithmique.
mm	
760....................	0,1035
750....................	0,1033
689....................	0,1022
665....................	0,1016

Pression.	Décroissement logarithmique.
645	0,1012
640	0,1009
620	0,1006
605	0,1001
545	0,0982
540	0,0979
512	0,0970
501	0,0967
460	0,0948
425	0,0937
410	0,0931
403	0,0928
368	0,0918
363	0,0914
355	0,0911
332	0,0903
290	0,0890
282	0,0884
255	0,0875
240	0,0872
205	8,0858
180	0,0850
132	0,0835
124	0,0831
92	0,0826
71	0,0823
55	0,0822
50	0,0822
28	0,0821
11	0,0822
4,5	0,0819
2,3	0,0817
1,1	0,0816
0,76	0,0809

Pression.	Décroissement logarithmique.	Force répulsive de la radiation.
mm		
1000......	0,0809	1
588......	0,0790	2
523......	0,0785	2
389......	0,0780	2
345......	0,0776	2
228......	0,0770	3.
177......	0,0758	5
158......	0,0750	7
91......	0,0717	13
66......	0,0697	15
58......	0,0684	19
40......	0,0630	25
32......	0,0600	25
15......	0,0424	16
10......	0,0347	11
9......	0,0325	10
7.6....	0,0298	8

Les courbes tracées sur les diagrammes A, B et C sont le résultat de ces observations. D'abord la courbe semble suivre la même direction que la courbe de l'air ; mais, à une pression d'environ 620^{mm}, la courbe n'est plus aussi prononcée, et elle reste telle jusqu'à environ 50^{mm} ; alors elle suit de nouveau la direction de la courbe de l'air. La diminution totale entre 760^{mm} et 1^{mm} est presque le double de celle de l'air.

La proportion entre les viscosités de l'acide carbonique et de l'air à la pression de 760^{mm} est 0,9208. Graham l'a trouvée de 0,807 [1] ; Kundt et Warburg de 0,806 [2] et Maxwell de 0,859 [3].

---

[1] *Recherches chimiques et physiques*, p. 179.

[2] *Phil. Mag.*, juillet 1875.

[3] *Phil. Trans.*, 1866, Ire Partie. p. 257.

La courbe ponctuée (diagrammes B et C), qui montre la variation de la force répulsive de la radiation, commence très tard et finit très tôt; le maximum est beaucoup plus faible que pour les autres gaz que j'ai examinés.

Observations sur le spectre de l'acide carbonique. — C'est à un vide de 300^M que le spectre est le plus net; à un vide plus élevé il devient plus faible; à environ 75^M la bande bleue ($\lambda = \frac{409}{1000000}$ à $\frac{408}{1000000}$ de millimètre) se perd; si l'on pousse le vide plus loin, les autres bandes disparaissent, et à un vide de 40^M on ne voit que les deux raies $\lambda = 519$ et $\lambda = 560$. A des vides plus élevés, ces deux raies disparaissent aussi, et alors commencent les phénomènes de la matière radiante.

La viscosité de l'oxyde de carbone. — J'ai préparé ce gaz en chauffant de l'oxalate d'ammoniaque avec de l'acide sulfurique concentré et en faisant passer les deux gaz ainsi produits, l'oxyde de carbone et l'acide carbonique, dans une solution de potasse (*fig.*12).

Je l'ai aussi obtenu en chauffant le ferrocyanure de potassium avec l'acide sulfurique et en faisant passer les gaz dans des tubes contenant de la potasse (*fig.*12).

Ce dernier moyen est préférable, parce qu'il est très difficile d'éliminer les dernières traces d'acide carbonique quand on a opéré avec l'acide oxalique.

Le Tableau suivant donne les résultats obtenus :

TABLE V.

Décroissements logarithmiques de l'acide carbonique à des pressions entre 760^{mm} *et* 6^M,5 *à* 15° C.

Pression.	Décroissement logarithmique.
mm	
760..............	0,1092
687..............	0,1073
517..............	0,1031
426..............	0,1012
353..............	0,1000

Pression.	Décroissement logarithmique.
266	0,0983
219	0,0979
125	0,0972
89	0,0971
79	0,0970
32	0,0971
18	0,0968
12	0,0968
10	0,0967
2,6	0,0969
1,4	0,0957
1,2	0,0952
0,76	0,0947

Pression.	Décroissement logarithmique.	Force répulsive de la radiation.
1000 [1]	0,0947	2
829	0,0945	3
629	0,0936	4
474	0,0925	5
397	0,0921	6
200	0,0910	13
188	0,0907	14
126	0,0877	18
86	0,0838	20
55	0,0778	21
42	0,0716	22
38	0,0692	22
31	0,0653	21
22	0,0580	18
13	0,0474	14
12	0,0448	13
6,5	0,0305	7

[1] $M = 0^{mm},76$.

Les courbes représentant ces nombres sont tracées sur les diagrammes A, B et C; une chose digne de remarque, c'est qu'elles sont presque absolument identiques à celles de l'azote, sur les mêmes diagrammes. La viscosité des deux gaz à 760^{mm} est 0,1092.

D'après Graham, la proportion entre la viscosité de l'air et de l'oxyde de carbone est 0,971, et pour l'azote la proportion est la même; avec mon appareil j'ai trouvé 0,9715 pour le premier rapport.

Comme la courbe de l'azote, la courbe de l'oxyde de carbone est verticale, c'est-à-dire : si l'on admet que la courbe représente la viscosité, le gaz obéit à la loi de Maxwell à des pressions entre 90^{mm} et 3^{mm}.

Pour l'azote, la partie verticale correspond à des pressions un peu plus hautes, entre 100^{mm} et 6^{mm}.

La courbe de la force répulsive de la radiation, ponctuée sur les diagrammes B et C, est plus basse dans le cas de l'oxyde de carbone que pour aucun des autres gaz que j'ai étudiés et affecte aussi une autre forme; il n'y a pas d'augmentation soudaine à 40^{M}. Cependant, pour de faibles raréfactions, la courbe se maintient plus haut qu'avec l'azote.

Observations sur le spectre de l'oxyde de carbone. — D'abord on voit le spectre ordinaire formé de bandes avec quelques raies à leurs extrémités. A 12^{mm} de pression, on commence à voir une raie verte très distincte, $\lambda = \frac{515}{1000000}$ de millimètre. Cette raie augmente d'intensité quand le vide augmente, puis elle devient plus faible, et elle disparaît quand la pression n'est plus que de $0^{mm},9$. C'est probablement la raie de l'oxygène trouvée par Plücker à 514,4.

A $2^{mm},8$, le spectre s'accorde avec le carbone n° 2, dans l'*Index of spectra* de Watts.

A 553^{M}, les bandes entre les raies paraissent se subdiviser en un grand nombre de raies très fines.

A 211^M, ces raies fines deviennent très distinctes ; à ce point, l'éclat du spectre est à son maximum.

A 100^M, le spectre dans son ensemble devient faible, mais on commence à apercevoir de temps en temps une raie verte très distincte. Ce résultat concorde avec la raie de l'oxygène à $\lambda = 534$ (Plücker).

A partir de ce point le spectre s'affaiblit rapidement, la raie $\lambda = 534$ disparaît bientôt, et les raies du carbone disparaissent aussi les unes après les autres, jusqu'à ce qu'on soit arrivé à un vide de 4^M ; alors on ne voit plus que $\lambda = 560$ et $\lambda = 519$.

La viscosité de l'hydrogène. — L'hydrogène se prépare, dans l'appareil représenté par la *fig.* 12, par la décomposition électrolytique de l'eau bouillie, acidulée au moyen de l'acide sulfurique. Une plaque de zinc amalgamé est le pôle positif, et une plaque de platine le pôle négatif.

On reçoit le gaz sous une cloche, et on l'introduit dans l'appareil. On peut aussi introduire l'hydrogène de la manière suivante. On met en communication avec l'appareil un tube I (*fig.* 1) contenant des morceaux de palladium saturé d'hydrogène par l'électrolyse ; le palladium retient l'hydrogène même dans le vide et le laisse dégager seulement quand on chauffe le tube avec une lampe.

Avant de commencer les expériences, il faut avoir soin que l'appareil soit absolument vide et le remplir très lentement avec le gaz. Alors on le vide avec beaucoup de soin et on le remplit d'hydrogène. Cela fait, il faut laisser l'appareil au repos pendant au moins vingt-quatre heures, afin que l'hydrogène puisse pénétrer dans toutes les parties de l'appareil et déplacer tout gaz qui pourrait s'être condensé à la surface du verre, puis on refait le vide et l'on remplit l'appareil d'hydrogène pour la troisième fois.

On prend alors les observations relatives à la viscosité, et l'on obtient le décroissement logarithmique à 760^{mm} et 15°C. Puis on fait le vide de nouveau, et l'on remplit encore l'appareil d'hydrogène, en faisant une observation chaque fois, jusqu'à ce que le décroissement logarithmique reste constant.

J'ai trouvé que l'hydrogène est de beaucoup le moins visqueux de tous les gaz et que ce moyen de s'assurer que le gaz n'est plus mélangé d'air est beaucoup plus sûr que l'analyse eudiométrique.

J'ai fait plusieurs séries d'observations avec l'hydrogène. Pendant longtemps j'ai cru que l'hydrogène présentait, par rapport à la loi de Maxwell, selon laquelle la viscosité est indépendante de la densité, le même écart que je croyais avoir constaté pour les autres gaz; je l'ai cru, parce que le décroissement logarithmique persistait à diminuer au fur et à mesure que le vide augmentait, même à des pressions qu'on pouvait mesurer avec le baromètre.

Si je n'avais pas trouvé que la diminution était variable dans des séries différentes, j'aurais cru que cet écart de la loi de Maxwell était produit par quelque propriété inhérente à tous les gaz. Après un an de travail, je trouvai que cette variation était causée par une trace d'eau retenue obstinément par l'hydrogène. Depuis cette découverte, j'ai mis tous mes soins à obtenir la siccité parfaite de tous les gaz qui entrent dans l'appareil.

La Table suivante donne les résultats obtenus :

W. CROOKES.

TABLE VI.

Décroissements logarithmiques de l'hydrogène a des pressions entre 760ᵐᵐ et 0ᴹ,16 à 15°C.

Pression.	Décroissement loga- rithmique.	Pression.	Décroissement loga- rithmique.	Force répul- sive de la radiation.	Distance moyenne de libre parcours.
mm		M			mm
760...	0,0499	1000,0...	0,0498	1,0	0,10
748...	0,0501	921,0..	0,0498	1,0	0,11
582...	0,0501	526,0..	0,0497	3,0	0,19
567...	0,0498	421,0..	0,0496	4,0	0,24
484...	0,0499	330,0..	0,0495	5,0	0,30
428...	0,0500	314,0..	0,4093	8,0	0,32
423...	0,0500	234,0..	0,0488	11,0	0,43
414...	0,0499	205,0..	0,0486	14,0	0,49
399...	0,0500	179,0..	0,0486	14,0	0,56
303...	0,0500	168,0..	0,0485	19,0	0,59
301...	0,0497	155,0..	0,0484	25,0	0,65
283...	0,0498	147,0..	0,0482	28,0	0,68
268...	0,0499	135,0..	0,0479	31,0	0,74
212...	0,0504	122,0..	0,0475	37,0	0,82
209,..	0,0500	110,0..	0,0472	40,0	0,91
201.?..	0,0507	95,0..	0,0466	44,0	1,1
193...	0,0501	79,0..	0,0457	52,0	1,3
174...	0,0501	65,0..	0,0446	60,0	1,5
148...	0,0498	59,0..	0,0441	64,0	1,7
128...	0,0501	54,0..	0,0435	66,0	1,8
108...	0,0499	48,0..	0,0430	68,0	2,1
103...	0,0499	45,0..	0,0422	69,0	2,2
101...	0,0497	41,0..	0,0417	70,0	2,4
96...	0,0497	37,0..	0,0408	69,0	2,7
76...	0,0497	33,0..	0,0394	69,0	3,0
72...	0,0499	29,0..	0,0384	67,0	3,4
61...	0,0498	26,5..	0,0373	66,0	3,8
33...	0,0498	22,0..	0,0358	60,0	4,5

Pression.	Décroissement loga- rithmique.	Pression.	Décroissement loga- rithmique.	Force répul- sive de la radiation.	Distance moyenne de libre parcours.
mm		M			mm
22...	0,0500	20,0..	0,0351	58,0	5,0
17...	0,0499	16,0..	0,0333	52,0	6,3
14...	0,0497	14,5..	0,0324	49,0	6,9
11...	0,0499	12,0..	0,0304	45,0	8,0
9...	0,0499	8,0..	0,0270	37,0	12,5
7...	0,0499	6,5..	0,0253	31,0	15,4
6...	0,0498	5,0..	0,0232	29,0	20,0
2...	0,0498	4,0..	0,0214	26,0	25,0
1,8.	0,0500	2,6..	0,0191	15,0	38,5
1,5.	0,0498	1,8..	0,0172	10,0	55,5
1,0.	0,0499	1,5..	0,0169	9,0	66,7
0,76.	0,0498	1,0..	0,0157	7,0	100,0
		0,37.	0,0130	3,0	270,0
		0,16.	0,0118	2,0	625,0

J'ai consigné ces résultats sur les diagrammes A, B et C. La partie comprise entre 760^{mm} et 0^{mm},32, dont le décroissement logarithmique ne change pas, est représentée par une ligne verticale tracée sur B et C, en dessous de la courbe principale.

Le caractère remarquable de l'hydrogène, c'est l'uniformité de résistance qu'il présente.

Il obéit presque absolument à la loi de Maxwell jusqu'à un vide de 700^M. Jusqu'à ce point la ligne est presque verticale, mais là elle commence à se courber, et, quand la distance moyenne de libre parcours des molécules est comparable aux dimensions de l'appareil et s'approche de l'infini, la courbe de la viscosité s'approche du zéro.

La force répulsive de radiation est plus grande dans l'hydrogène que dans tout autre gaz; elle commence à un vide de 14^{mm}, mais ne s'augmente pas beaucoup avant que le vide soit à 200^M; puis elle atteint son maximum entre

4o^M et 6o^M; ensuite elle se réduit à zéro. Le maximum de force de radiation dans l'hydrogène comparé à l'air est de 70 à 42,6.

Ce fait a son utilité pour la construction des radiomètres et des instruments du même genre, quand on a besoin d'obtenir une grande sensibilité.

La proportion entre la viscosité de l'air et celle de l'hydrogène est o,4449. Graham (¹) donne pour le temps de diffusion de l'hydrogène o,4375 si l'on prend l'oxygène pour unité et o,4855 si on le compare à l'air pris pour unité.

Le professeur Clerk Maxwell (²) a trouvé que l'hydrogène sec est beaucoup moins visqueux que l'air; il fixe le rapport entre leurs viscosités à o,5156.

A propos de ce résultat, il dit : « Il résulte des expériences de M. Graham que le rapport entre les temps de diffusion de l'hydrogène et de l'air est de o,4855; et celui de l'acide carbonique et de l'air de o,807. Ces nombres sont inférieurs à ceux que j'ai trouvés : c'est peut-être parce que, dans mes expériences, les gaz étaient moins purs que dans celles de M. Graham ».

MM. Kundt et Warburg, dans le Mémoire dont j'ai déjà parlé, disent que, théoriquement, la viscosité ne doit pas diminuer sensiblement avant que la couche de gaz soit inférieure à quatorze fois la distance moyenne de libre parcours entre les molécules. Ils déclarent aussi que, même quand l'épaisseur atteint trois cents fois l'épaisseur moyenne de libre parcours, alors commence une diminution sensible des forces retardatrices, qui va en s'accentuant au fur et à mesure que la pression s'abaisse. Ils trouvent que le rapport entre l'air et l'hydrogène est o,488 et

---

(¹) *Chemical and physical researches*, par Thomas Graham, p. 179.
(²) *Sur la viscosité ou le frottement interne de l'air et des autres gaz* (*Phil. Trans.*, 1866, 1re Partie, p. 257).

que la viscosité varie comme l'indique la Table suivante :

Pression en millimètres.	Décroissement logarithmique.
180,0	0,0652
20,0	0,0638
8,8	0,0629
2,4	0,0601
1,53	0,0557

A des vides plus élevés, ils ont trouvé que la viscosité diminuait rapidement, mais ils n'ont pas mesuré les pressions.

La diminution du décroissement logarithmique que MM. Kundt et Warburg ont trouvée dans des vides ordinaires et le grand rapprochement qu'ils ont observé entre les viscosités de l'hydrogène et de l'air sont probablement dus à la présence d'une trace d'un autre gaz, peut-être même de l'eau. Ils disent que, en continuant les recherches sur les lois du frottement des gaz au-dessous de la limite de raréfaction $\left(\dfrac{l}{d} > \dfrac{1}{14} \right)$ déjà mentionnée, nous ne pouvions, pas même en séchant avec le plus grand soin, éliminer les dernières traces de vapeur d'eau, lesquelles, insensibles dans les expériences susdites, nuisent aux résultats que l'on obtient avec les pressions *basses* ici employées.

La présence de la vapeur d'eau a été constatée *inter alia* par ce fait, que le *damping moment* d'un vide (c'est-à-dire un espace rempli de gaz mélangé avec de la vapeur, le tout à une pression de $\frac{1}{100}$ de millimètre) s'élevait considérablement quand on abandonnait l'appareil à lui-même. Cet effet était causé par l'eau qui se séparait des parties solides et s'évaporait dans le vide.

Pour cette raison, la théorie ne peut pas être prouvée quantitativement par les résultats obtenus.

Il se peut bien qu'il se soit trouvé aussi dans l'appareil de Graham une trace de gaz étranger, puisqu'il dit lui-même que « l'addition de 5 pour 100 d'air à l'hydrogène produit un effet remarquable en retardant la diffusion de ce gaz. Le retard causé par 5 pour 100 d'air sur la vitesse de l'hydrogène est presque quatre fois plus grand que celui que donne le calcul. L'expérience montre qu'une quantité très faible de gaz étranger change la vitesse de diffusion de ce gaz ([1]) ».

Maxwell fait la même remarque et dit ([2]) qu'une petite quantité d'air mélangée avec de l'hydrogène augmente beaucoup sa viscosité.

Graham dit que, dans ses expériences, « l'hydrogène était préparé avec du zinc qui ne contenait pas d'hydrogène, puis traversait un flacon laveur contenant de l'oxyde de plomb dissous dans de la soude, et que ce gaz était desséché ensuite sur de l'amiante imbibée d'acide sulfurique ([3]) ».

Dans un autre Mémoire, il parle de sécher les gaz avec du chlorure de calcium et de l'acide sulfurique.

Éclairé par mes récentes expériences, je n'hésite pas à affirmer que par ces moyens il n'est pas possible d'éliminer de l'hydrogène les dernières traces de la vapeur d'eau. Il ne suffit même pas de faire passer le gaz dans un tube contenant de l'acide phosphorique anhydre non comprimé ; il faut que celui-ci soit tassé fortement dans le tube, de manière à offrir une obstruction réelle au passage du gaz ; le tube doit avoir plusieurs pieds de longueur. Quand je ne prenais pas ces précautions, je ne pouvais pas obtenir de résultats concordants en opérant sur des échantillons différents d'hydrogène.

([1]) *Recherches chimiques et physiques,* par Thomas Graham, p. 123.

([2]) *Sur la viscosité ou le frottement interne de l'air et d'autres gaz* (*Phil. Trans.*, 1866, Iʳᵉ Partie, p. 257).

([3]) *Recherches chimiques et physiques,* par J. Graham, p. 176.

A chaque amélioration consistant à mieux purifier et sécher le gaz, j'ai obtenu pour l'hydrogène un chiffre de plus en plus bas, et, conséquemment, j'ai diminué le nombre exprimant le rapport de la viscosité de l'hydrogène à celle de l'air. En 1876 je l'ai trouvé à 0,508 ; en 1877, je l'avais réduit à 0,462 ; en 1879, il était encore réduit à 0,458, et dans mes dernières expériences je l'ai trouvé encore plus bas, à $0^m,4439$, c'est-à-dire bien au-dessous du nombre de Graham, $0^m,4855$, déduit de la diffusion. Graham dit que c'est le nombre *théorique;* mais il semble qu'en discutant ce sujet il était tout disposé à trouver que l'hydrogène ne suivrait pas la loi qui gouverne quelques autres gaz.

Ainsi, à la page 179 de son Ouvrage, Graham écrit : « Les temps de diffusion de l'oxygène, de l'azote, de l'acide carbonique et de l'air sont en raison directe de leurs densités ; en d'autres termes, des poids égaux de ces gaz passent dans le même temps. Pour des volumes égaux, l'hydrogène passe deux fois plus vite que l'azote. Ce fait, que le temps de diffusion de l'hydrogène est la moitié de celui de l'azote, montre que les rapports de diffusion sont même plus simples que les rapports de densité entre les gaz. »

Observations sur le spectre de l'hydrogène. — J'ai fait ces observations avec une étincelle de $0^m,15$ et j'ai examiné le spectre avec une dispersion qui rendait bien distinctes les raies du sodium.

Ce spectre n'offrait pas grand intérêt. La raie rouge $(\lambda = 656,2)$, la raie verte $(\lambda = 486,1)$ et la raie bleue $(\lambda = 434,0)$ étaient très nettes à une pression de 3^{mm} ; puis elles commençaient à diminuer d'éclat. En augmentant le vide, on remarque une variation dans la visibilité des trois raies. Ainsi, à 36^{mm}, le rouge se voit très distinctement, le vert est faible et le bleu invisible ; à 15^{mm}, on voit le bleu, et les trois raies sont encore visibles jusqu'à un vide de 418ᴹ, où le bleu devient très faible. A 38ᴹ, on ne voit que le rouge et le vert, le rouge étant très faible; à 2ᴹ, le rouge disparaît. La raie verte se voit encore jusqu'à un vide de 0ᴹ,37, mais pas au delà. Il est bon de remarquer que, si la raie verte est la dernière à disparaître quand on expérimente avec l'hydrogène pur, elle ne se montre pas la première quand l'hydrogène se trouve mêlé à titre d'impureté avec un autre gaz. Ainsi, avec l'acide carbonique imparfaitement purifié, la raie rouge de l'hydrogène se montre souvent, mais jamais la verte ou la bleue n'apparaît.

Influence de la vapeur d'eau sur la viscosité de l'air. — Dans les précédentes expériences, j'ai attribué plusieurs genres d'erreur à la présence de l'humidité dans le gaz. L'influence de la vapeur d'eau ne semble pas être très importante quand il en entre une quantité modérée dans un gaz à la pression normale; mais, à des vides élevés, elle cause des erreurs qui détruisent l'uniformité des résultats.

J'ai fait une série d'expériences, dans le but de reconnaître l'action de la vapeur d'eau quand elle est mélangée avec de l'air.

J'avais un peu modifié l'appareil; les tubes à sécher ont été enlevés, et une petite boule de verre contenant de l'eau pure était soudée à la manivelle qui donne le mouvement. L'appareil ainsi disposé et rempli d'air à la pression normale était abandonné pendant vingt-quatre heures. En même temps, on faisait des observations avec la flamme de la bougie, afin de mesurer la force répulsive en présence de la vapeur d'eau.

Le Tableau suivant donne les résultats obtenus :

Décroissements logarithmiques de l'air humide à des pressions entre 760^mm et 0^mm,2, et encore plus basses, à 15°C.

Pression en millimètres.	Décroissement logarithmique.	Répulsion due à la radiation.
760..........	0,1124	0
700..........	0,1109	0
600..........	0,1084	0
500..........	0.1062	0
400..........	0,1040	0
300..........	0,1014	0
200..........	0,0993	0
100..........	0,0955	0
75..........	0,0937	0
50..........	0,0903	0
40..........	0,0796	0
20..........	0,0589	0
16..........	0,0531	0
15..........	0,0520	0
13..........	0,0516	0
11..........	0,0511	0
8..........	0,0500	0
7..........	0,0498	0
5..........	0,0499	0
3..........	0,0497	0
1..........	0,0497	0
0,1..........	0,0484	0
»	0,0441	1
»	0,0432	1
»	0,0419	4
»	0,0406	5
»	0,0390	9

Je n'ai pas pu indiquer les pressions au-dessous de 1^mm, parce que la jauge de Mc Leod ne donne pas de résultats exacts en présence de l'eau.

Sur le diagramme A, la courbe inscrite sous la mention *moist air* indique les résultats.

Jusqu'à la pression de 550^{mm}, la présence de la vapeur d'eau n'exerce pas d'influence sur la viscosité de l'air. Cependant, à partir de ce point et entre 50^{mm} et 7^{mm} de pression, le logarithme décimal change de 0,0903 à 0,0500 et la courbe s'incline rapidement.

Ici elle suit la courbe de l'hydrogène, et entre 7^{mm} et 1^{mm} les deux courbes sont identiques.

Ces résultats peuvent être expliqués en partie par l'action remarquable de la vapeur d'eau dans l'appareil. A la pression normale, la quantité d'humidité contenue dans l'air (saturé) est seulement de 13 parties pour 1 000 000, et l'on voit que cette petite quantité n'a pas d'action, puisque les décroissements logarithmiques sont identiques. Mais, pendant que l'air est évacué, l'humidité reste la même, à cause du réservoir d'eau qui se trouve dans l'appareil.. Quand le vide s'approche de la tension de la vapeur d'eau, l'eau s'évapore plus vite et déplace l'air avec une plus grande rapidité; jusqu'à ce que la pression de 12^{mm},7 ait été dépassée, la vapeur se conduit comme un gaz et chasse tout l'air hors de l'appareil, et, comme elle est fournie par l'eau, le décroissement logarithmique tombe rapidement à celui de la vapeur d'eau pure.

Pour que cette explication fût acceptable, il faudrait que la viscosité de la vapeur d'eau fût, pour toutes les pressions comprises entre 7^{mm} et 1^{mm}, la même que celle de l'hydrogène.

On peut donner une autre explication. Pendant le fonctionnement de la pompe de Sprengel, il se développe quelquefois assez d'électricité pour illuminer les tubes. Il est possible que, sous l'influence de cette électricité, le mercure s'abaissant puisse, à ce vide élevé, décomposer la vapeur d'eau en formant de l'oxyde de mercure et en dégageant l'hydrogène.

De ces deux théories, la dernière semble la plus probable ; mais je n'ai pas assez de faits pour me prononcer entre les deux.

La présence de la vapeur d'eau se reconnaît encore à la petite quantité de répulsion par radiation. Dans l'air, la répulsion commence à une pression de 12^{mm}, le plus grand effet produit étant une déviation de plus de 40 divisions de l'échelle. Cependant, dans le cas présent, la répulsion ne commença pas avant que le vide eût dépassé celui que l'éprouvette peut mesurer, et l'effet maximum ne fût pas supérieur à 9 divisions.

Cela confirme les résultats que j'ai trouvés fréquemment dans mes recherches sur la répulsion produite par la radiation, dans lesquelles la présence même d'une trace de vapeur d'eau diminuait beaucoup la sensibilité du radiomètre et des autres instruments.

Pendant longtemps je me suis servi de l'acide sulfurique concentré pour lubrifier l'intérieur de la pompe, au moyen d'un robinet qui y était adapté afin qu'il fût possible d'introduire l'acide sans modifier le vide.

Pendant six mois j'ai fait des observations sur l'air et sur d'autres gaz ; je trouvai enfin que la présence de l'acide diminuait le décroissement logarithmique. Je recommençai les observations.

Il est constaté par les expériences de MM. Wanklin et Robinson que, à une température élevée et dans des conditions qui permettent la diffusion, l'acide sulfurique se dissocie en acide sulfurique et en eau ; il n'est pas improbable que, dans un vide élevé, une décomposition semblable puisse avoir lieu, qu'une des parties constituantes, ayant plus d'affinité que l'autre pour l'acide sulfurique, s'échappe dans l'appareil et modifie le décroissement logarithmique.

Viscosité de la vapeur de kérosoline. — La diminution rapide de la viscosité dans la précédente expérience, après que l'on a obtenu une pression inférieure à 400^{mm}, est due probablement à ce fait, que la vapeur d'eau dans l'air est près de son point de liquéfaction. J'ai cru utile de vérifier cette hypothèse en employant une vapeur moins facilement condensable, que je pourrais introduire dans l'appareil sans y laisser entrer d'air; pour cela j'ai employé un hydrocarbure très volatil, nommé *kérosoline*, qui entre en ébullition un peu au-dessus de la température ordinaire. Cette vapeur a été introduite dans l'appareil vidé, l'éprouvette marquant $82^{m},5$. Après les précautions ordinaires pour éliminer l'air, on a effectué les observations ci-dessous.

TABLE VII.

Décroissements logarithmiques de la vapeur de kérosoline entre des pressions de $82^{mm},5$ et 8^{mm} à $15°$C.

Pression.	Décroissement logarithmique.
$82,5$	$0,0425$
$71,5$	$0,0416$
$64,0$	$0,0409$
$59,0$	$0,0407$
$54,0$	$0,0404$
$48,5$	$0,0400$
$43,0$	$0,0396$
$38,0$	$0,0394$
$32,5$	$0,0389$
$21,0$	$0,0381$
$17,5$	$0,0380$
$13,4$	$0,0382$
$10,0$	$0,0381$
$8,0$	$0,0379$

Ces résultats sont représentés sur le diagramme A par la courbe intitulée *kérosoline en vapeur*. La diminution de la viscosité est plus rapide qu'avec aucun des autres gaz expérimentés, à l'exception de la vapeur d'eau. Inversement la viscosité augmente beaucoup, quand la pression augmente de 8^{mm} à $82^{mm},5$. On en a l'explication, quand on considère que la vapeur de kérosoline est très rapprochée de son point de liquéfaction et qu'alors elle est loin d'être un gaz parfait. La pente négative, aux abords de 10^{mm} de pression, pente déjà signalée pour les autres gaz, est très accentuée avec cette vapeur.

Discussion des résultats. — Pour discuter les résultats de la viscosité obtenus avec les gaz sur lesquels j'ai expérimenté, je donne les proportions que j'ai trouvées entre la viscosité de chaque gaz et celle de l'air, en les comparant avec celles obtenues par Graham, par Kundt et Warburg et par Maxwell.

	Graham.	Kundt et Warburg.	Maxwell.	Crookes.
Air	1,0000	1,0000	1,0000	1,0000
Oxygène	1,1099	»	»	1,1185
Azote	0,9710	»	»	0,9715
Anhydride carbonique	0,8070	0,8060	0,8590	0,9208
Oxyde de carbone	0,9710	»	»	0,9715
Hydrogène	0,4855	0,4880	0,5156	0,4439

Les chiffres de Graham sont les résultats théoriques déduits de ses expériences sur la diffusion des gaz. Ce sont, dit-il (¹), les chiffres dont les temps de diffusion des gaz approchent et entre lesquels ils ont leurs limites. Graham pense que « les temps de diffusion de l'oxygène, de l'azote, de l'oxyde de carbone et de l'air sont directement comme leurs densités, ou que des poids égaux de ces gaz passent dans le même temps. L'hydrogène, pour des volumes égaux, passe deux fois plus vite que l'azote; pour l'acide carbonique, le résultat semble, au premier abord,

---

(¹) *Loc. cit.*, p. 178-179.

anormal. C'est que le temps de diffusion de ce gaz est inversement proportionnel à sa densité comparée à celle de l'oxygène. »

Il ne faut pas oublier que la pression de 760^{mm} n'est pas une des constantes de la nature, mais que c'est un élément tout à fait arbitraire choisi pour plus de facilité près du niveau de la mer. Sur les diagrammes A, B et C, j'ai pris cette pression comme point de départ, et j'ai donné les courbes de la viscosité pour des vides très variés; j'aurais pu aussi bien continuer les courbes en augmentant la pression au lieu de la diminuer.

Quoiqu'il ne soit pas prudent de se livrer à des spéculations quand on n'a pas de données, il est cependant des conclusions que l'on peut tirer de l'étude de ces courbes. De leur forme et de la direction suivant laquelle elles coupent la ligne de 760^{mm} de pression, il est permis de conclure la direction qu'elles prendraient dans le sens opposé, et nous pouvons supposer qu'un gaz qui devient parfaitement liquide deviendra visqueux plus vite qu'un gaz difficile à liquéfier par pression. Par exemple, l'hydrogène, qui est le gaz le moins facile à condenser, ne semble pas du tout devenir plus visqueux sous pression. L'oxygène et l'azote, qui sont seulement un peu moins difficiles à condenser que l'hydrogène, montrent une petite augmentation de viscosité. L'anhydride carbonique, qui devient liquide à une pression de 56^{atm} à 15°C., augmente de viscosité si rapidement qu'à cette pression le décroissement logarithmique serait environ 1,3, ce qui représente une résistance telle que l'on ne peut pas concevoir qu'un corps de la nature des gaz soit capable de l'exercer.

La vapeur de kérosoline devient liquide par pression plus facilement que l'anhydride carbonique. Sa courbe de viscosité sur le diagramme A montre une grande augmentation de viscosité pour une très petite augmentation de pression.

La loi de Maxwell a été émise comme la conséquence d'une théorie mathématique. Elle présuppose que le gaz est dans un état de perfection impossible à atteindre, quoique l'hydrogène s'en approche de très près. On peut dire qu'un gaz ordinaire est limité relativement à son état physique, d'un côté, par la condition sub-gazeuse ou liquide, d'un autre côté par la condition ultra-gazeuse. Un gaz passe dans le premier état, quand il est condensé par la pression ou par le froid; il passe dans le second quand il est très raréfié. Avant qu'un gaz passe à l'un ou à l'autre de ces états, le changement s'annonce par une perte partielle de la gazéité. Lorsque, sous l'influence de la pression ou du froid, les molécules sont forcées de se rapprocher l'une de l'autre, elles commencent à entrer dans la région d'attraction réciproque; et alors la quantité de pression ou de froid nécessaire pour produire une telle densité ou viscosité est moindre que la quantité théorique, à cause de l'attraction interne que les molécules exercent les unes sur les autres. Plus un gaz s'approche du point de liquéfaction, plus grande est l'attraction d'une molécule sur une autre, et la quantité de pression nécessaire pour produire une telle densité sera proportionnellement moindre que celle théoriquement reconnue nécessaire pour un gaz « parfait ». Cette tendance à l'état sub-gazeux ou liquide explique la divergence que l'on constate avec la loi de Maxwell dans le cas des gaz imparfaits, tels que l'anhydride carbonique, la vapeur d'eau et la kérosoline. A l'autre bout de l'échelle, nous trouvons une divergence plus grande avec la loi de Maxwell. Elle est due à ce fait que le gaz commence à acquérir des propriétés ultra-gazeuses.

L'état ultra-gazeux de la matière. — L'examen des courbes de la viscosité des gaz que je viens de donner, surtout de celle de la viscosité de l'hydrogène, confirmera, je crois, cette hypothèse que, dans un vide très élevé, un gaz perd graduellement son caractère gazeux et passe à ce que j'ai osé nommer un *état ultra-gazeux*. Il est certain qu'il a perdu alors plusieurs des propriétés que l'on considère ordinairement comme les attributs essentiels des gaz.

Par exemple, la loi de Maxwell, selon laquelle la viscosité d'un gaz est indépendante de la pression, serait vraie jusqu'à une certaine limite, puis elle ne s'appliquerait plus.

Tous les gaz semblent obéir à la loi de Maxwell entre certaines limites de pression, et à d'autres pressions ils n'y obéissent plus. A l'état ultra-gazeux, le changement commence à un vide d'environ $0^m,5$; avec l'hydrogène, le changement se produit lentement; mais, avec les autres gaz que j'ai expérimentés, le changement est plus rapide.

Dans les gaz, des différences de pression sur les diverses parois d'un tube clos s'égalisent très rapidement, mais, à l'état ultra-gazeux, ces différences peuvent subsister pendant vingt minutes.

Dans un gaz, les corps électrisés ne retiennent pas leur électricité; mais dans un ultra-gaz deux feuilles d'or électrisées sont restées à l'état de répulsion absolument sous le même angle pendant treize mois ([1]).

Une autre propriété des gaz est de hâter le refroidissement des corps chauds qu'on y introduit; ils communiquent aux molécules du gaz un mouvement plus rapide et les repoussent ainsi vers les parois du tube.

Il n'y a pas grande différence dans la vitesse de refroidissement tant que nous opérons sur les vides que l'on peut obtenir avec les pompes ordinaires, parce que, s'il n'y a pas autant de molécules en contact avec le corps chaud, la distance moyenne de libre parcours est augmentée en

---

([1]) *Proceedings of the Royal Society*, n° 193, 1879, p. 347.

même temps que le mouvement est porté plus loin. Le nombre de degrés nécessaire pour que la température passe du corps le plus chaud au corps le plus froid est diminué, mais la valeur de chaque degré est augmentée. Ainsi la différence de vitesse, avant et après le choc, peut neutraliser la diminution du nombre des molécules.

Ainsi, dans les gaz, la vitesse de refroidissement est peu affectée par le vide, la loi ayant de l'analogie avec celle qui gouverne la viscosité.

Dans un Mémoire que j'ai publié récemment je démontre que, si le vide est poussé assez loin pour que la distance moyenne de libre parcours soit comparable au diamètre de l'appareil, la vitesse de refroidissement diminue beaucoup. Les molécules étant amenées alors à l'état ultra-gazeux, une augmentation du vide a une grande action sur la vitesse de refroidissement. Le passage du vide de 20^M à 2^M agit d'une manière plus efficace que de 760^{mm} à 20^M.

J'ai déjà démontré que la gazéité est une propriété qui est une conséquence directe et nécessaire des collisions [1]. Un espace donné, rempli d'air à la pression ordinaire, contient des millions de millions de molécules se mouvant rapidement dans toutes les directions, chaque molécule se heurtant contre des millions d'autres molécules dans une seconde. Dans ce cas, la distance moyenne de libre parcours est très petite, si on la compare aux dimensions de l'appareil qui les contient, et l'on constate ces propriétés qui constituent l'état gazeux de la matière, propriétés qui sont le résultat de collisions rapides.

Tant que le nombre des collisions est presque infini, l'état gazeux subsiste. Mais, dans des vides tels que ceux que j'ai décrits, le libre parcours des molécules est si grand, que le nombre des chocs effectués dans un temps donné peut être négligé, si on le compare aux chocs man-

---

[1] *Proceedings of the Royal Society*, n° 205, 1880, p. 469.

qués, et que la molécule médiane peut obéir à ses lois sans être entravée. Quand la distance moyenne de libre parcours est comparable aux dimensions du tube, les propriétés qui constituent la gazéité sont réduites au minimum, et la matière est élevée à l'état ultra-gazeux.

Les propriétés de la matière, bien qu'existant à l'état gazeux, ne se montrent directement qu'à l'état ultra-gazeux ; à l'état gazeux, elles ne se laissent percevoir que grâce aux effets de la viscosité, etc.

Les lois ordinaires des gaz sont le résultat d'une simplification des effets dus aux propriétés de la matière dans l'état ultra-gazeux ; une telle simplification n'est possible que quand la distance moyenne de libre parcours est petite, comparée aux dimensions du tube. Pour simplifier, oublions qu'un gaz est composé de molécules, et admettons que c'est de la matière continue, dont les propriétés, telles que la pression, qui varie avec la densité, soient trouvées par expérience. Un gaz ne sera alors qu'une collection de molécules, considérée sous un point de vue simplifié. Quand nous étudions des phénomènes dans lesquels nous sommes obligés de considérer des molécules isolées, il ne faut pas parler de cet assemblage comme d'un gaz.

A propos de l'existence de la matière ultra-gazeuse dans des tubes électrisés, à vide élevé, on a objecté que les phénomènes de radiation et de phosphorescence que j'ai considérés comme un caractère de cette forme de matière peuvent être obtenus à des vides bien plus bas que celui qui donne l'effet maximum. Admettons, pour examiner l'objection, que l'état ultra-gazeux soit dans les meilleures conditions pour produire ces phénomènes, à un millionième d'atmosphère. Dans cette hypothèse, la distance moyenne de libre parcours sera $0^m,10$, distance suffisante pour aller d'une paroi du tube à l'autre. Mais beaucoup d'expérimentateurs ont démontré que l'on observe des phénomènes de phosphorescence même avec des vides assez bas pour ne pas amener la matière à l'état ultra-gazeux. Cette circonstance ne m'a pas échappé.

Dans mon premier Mémoire (¹) sur l'illumination des lignes de pression moléculaire et la trajectoire des molécules, j'ai déjà signalé ce fait, qu'un rayon moléculaire qui produit la phosphorescence verte peut être projeté à $0^m,102$ du pôle négatif quand la pression est à 427^M. Dans ce cas, la distance moyenne de libre parcours des molécules est $0^{mm},23$, et il n'est pas étonnant qu'avec des étincelles plus fortes ce phénomène puisse se produire à des pressions plus hautes.

Il faut se souvenir que nous ne savons rien de la distance *absolue* de libre parcours ou de la vitesse *absolue* d'une molécule; elles peuvent varier, en quelque sorte, depuis zéro jusqu'à l'infini. Nous devons nous contenter de connaître la distance moyenne et la vitesse moyenne, et tout ce que ces expériences nous ont démontré, c'est que quelques molécules peuvent dépasser plus de cent fois la distance moyenne de libre parcours, et probablement aussi acquérir une augmentation correspondante de la vitesse moyenne avant d'être arrêtées par des collisions. Avec une étincelle faible, l'action phosphorogénique de ces quelques molécules est trop faible pour pouvoir être observée; mais, si l'on augmente la décharge, l'action des molécules peut acquérir assez d'intensité pour que leur présence soit visible. Il est probable aussi que la vitesse absolue des molécules augmente tellement, que la vitesse *moyenne* avec laquelle elles abandonnent le pôle négatif devient supérieure à la vitesse ordinaire des molécules de gaz ordinaire.

S'il en est ainsi, elles ne seront pas arrêtées facilement par les collisions, mais elles iront à une distance plus grande. Il ne résulte pas de cela qu'un gaz et l'ultra-gaz

---

(¹) *Phil. Trans.*, Iʳᵉ Partie, 1879 (*The Bakerian lecture*).

puissent exister en même temps dans un tube. Tout ce que nous pouvons en déduire, c'est que les deux états se succèdent d'une manière insensible, de manière qu'à un moment donné nous pouvons apercevoir en même temps les phénomènes produits par le gaz et par l'ultra-gaz. Le même fait se produit entre les liquides et les gaz, les solides et les liquides.

Les expériences de M. Tresca prouvent que le plomb et même le fer, à la température ordinaire, possèdent des propriétés qui appartiennent aux liquides; de son côté, M. Andrews a démontré que l'on peut faire passer les liquides et les gaz d'un état à l'autre, et qu'alors à un point intermédiaire la substance possède les propriétés de chacun de ces deux états.

(Extrait des *Annales de Chimie et de Physique*, 5ᵉ série, t. XXIV; 1881.)

7403   Paris. — Imprimerie de GAUTHIER-VILLARS, quai des Augustins, 55.